全面而精练的阐述世界科学史

写给青少年的
简明科学史

于 芳 编译

光明日报出版社

图书在版编目（CIP）数据

写给青少年的简明科学史 / 于芳编译 . —— 北京：光明日报出版社，2012.6（2025.1 重印）

ISBN 978-7-5112-2388-3

Ⅰ . ①写… Ⅱ . ①于… Ⅲ . ①科学史 – 青年读物 ②科学史 – 少年读物 Ⅳ . ① G3-49

中国国家版本馆 CIP 数据核字 (2012) 第 076574 号

写给青少年的简明科学史

XIEGEI QINGSHAONIAN DE JIANMING KEXUESHI

编　译：于　芳

责任编辑：李　娟　　　　　　　　　责任校对：红　卫
封面设计：玥婷设计　　　　　　　　封面印制：曹　净

出版发行：光明日报出版社
地　　址：北京市西城区永安路 106 号，100050
电　　话：010-63169890（咨询），010-63131930（邮购）
传　　真：010-63131930
网　　址：http://book.gmw.cn
E – mail：gmrbcbs@gmw.cn
法律顾问：北京市兰台律师事务所龚柳方律师

印　　刷：三河市嵩川印刷有限公司
装　　订：三河市嵩川印刷有限公司
本书如有破损、缺页、装订错误，请与本社联系调换，电话：010-63131930

开　　本：170mm × 240mm
字　　数：190 千字　　　　　　　　印　　张：13
版　　次：2012 年 6 月第 1 版　　　印　　次：2025 年 1 月第 4 次印刷
书　　号：ISBN 978-7-5112-2388-3
定　　价：45.00 元

前言

　　俄罗斯著名科学家科尔莫戈罗夫说过，科学是人类的共同财富。自人类诞生以来，就用一双好奇的眼睛打量并研究这个世界，从了解自然到征服自然，科学在人类进步史上起着举足轻重的作用。可以说，科学在人类摆脱蒙昧、迈向文明的过程中扮演了重要角色，一部科学发展史就是一部浓缩了的人类发展史。

　　从人类第一次夜观天象，到宇航员进入太空，数万年的不断追求和探索筑就了今天堪称宏伟的现代科学大厦。对于现代的青少年来说，了解科学发展史、总结科学成果和科学方法，能够帮助我们对现有科学的来源有清楚的认识，并从中得到经验和启示。

　　这本《写给青少年的简明科学史》是一本经典的科普读物，将人类漫长的科学发展史浓缩成 31 个部分，内容几乎涵盖了人类出现以来的所有科学成就及发现，包括早期的哲学思想、早期数学、化学和天文学的发展、电力发明、生命基因、宇宙的探索、量子物理、相对论等内容。全书脉络清晰、叙述简明，全面系统地介绍了对人类具有重大影响的科学发现、科技发明、科学理论等，将时间跨度较大、涉及国家较多的重要事件、重要人物等连缀一线，是一部可读性极强的科学发展史，让读者能够轻松地了解世界文化的总体脉络。为帮助读者更好地了解各种重要科学理论，书中还配有各种图表，图文结合，简明易懂，十分适合年轻人阅读。

这本简明科学史不仅已成为普及性读物中的经典著作，还是脍炙人口、深入浅出的人文佳作，是青少年了解、学习科学发展史的理想读本。

目录

第一章

充满好奇心的动物

　　没有人知道好奇心何时产生，也许在两栖动物（既能在陆地上生活，也能在水中生活的动物）出现的时候就出现了。两栖动物生存在大约 3.5 亿年以前，是现今地球上所有动物的祖先。这种两栖动物的大脑十分小。因为好奇心产生于大脑，所以它们当初所体会的好奇和我们如今体会到的也许并不相同。尽管如此，两栖动物在开始研究陆地这个令人激动的世界时，完全有可能体验过一种心里痒痒的感觉，毕竟，数亿年来陆地上只生活过植物和昆虫。

12 世纪的古美索不达米亚石碑。石碑上的图案为米坦尼国王美里希帕克二世带着自己的女儿拜神。石碑上有太阳、月亮和星星的图形，代表天宫中的神祇。

　　总而言之，"好奇"由来已久，是一种有益的性格特点。好奇的动物会打量自己的周边环境，从而有更多的机会来发现更安全的藏身之所，找到更充足的食物，并且更容易吸引到伴侣来繁衍后代。这样的探索旅程对于小型动物而言十分危险，因为自然界中的弱肉强食无处不在。不过，好奇心的优点还是要大于其缺点。

　　我们都见过小猫和小狗用鼻子到处嗅来嗅去，它们希望在住处的每个角落发现些什么。它们总是在进行这样的探索。猩猩作为人类的近亲，也是如此。如果它看到什么新鲜的、以前没见过的东西，比如说看到一个帐篷，里面坐着一位研究猩猩的科学家，猩猩首先会产生恐惧心理，与科学家保持安全距离。过一会儿之后，好奇心占了上风，猩猩无法控制自己，必须摸一下帐篷，闻一闻，并且观察这个东西有没有什么特别的地方，或者是不是能吃到口中。

人类和动物群体中，幼童都比成年群体更为好奇。原因在于，我们只有通过好奇心才能发现和学到更多的东西，才能更好地生活。如果一个猩猩的幼仔要学习独自生活，它的母亲无法把一切都教给它。小猩猩必须有足够的好奇心，能够信任自己，爬到树上，尝试所有可能的食物，并且逐渐掌握遇到什么动物必须转身离开。

人类的幼童和猩猩一样不断进行尝试，同时他们也不断提出很多"为什么"的问题。4～5岁正是人类儿童爱问问题的阶段。只要周围有成年人，儿童就会提出最独特的问题，比如，电话为什么会响？电话在宇宙产生之前存在吗？这个好提问的年纪是生命中最重要的一个阶段。通过提问和回答，孩子们不断扩展自己的知识，并且慢慢积累起来，到成年后方能真正独立地面对世界。

猩猩的好奇心和人类的好奇心之间还有一个重要的区别，即我们人类善

神灵将闪电从天空射到地面。这一自然现象的真实解释，面对占统治地位的宗教设想，可谓困难重重，难以突破。

于将零星的知识整合成一个整体，这像拼图游戏一样，同时还希望从其中找到各项知识之间的关联，并理解为什么会发生一些事情。这种独特的驱动力也许至少在 10 万年前就存在于人类心中，也许产生于更早的 30 万年前，从人类拥有大脑的那一刻开始。

　　有些东西很容易解释。例如没有云彩就不会下雨，夏天白昼比黑夜长……远古人类解释这些现象毫无问题。但是在自然界中还存在着许多很难解释的现象。日月星辰、电闪雷鸣、新生儿等，都曾经是巨大的谜团。人们寻求问题的答案，但是需要我们当今所拥有的辅助工具。比如说，能书写便是一大好处，我们能用书写的方式记录下观察到的景象以及由此引发的思考。但是直到 5500 年前，人类才发明了文字。之前的知识由于缺少记录，都已随风逝去，几乎没有流传下来。

　　因此，我们就能很好地理解，为什么人类相信在任何无法解释的事情背后都隐藏着神的旨意。神灵拥有比人类更强大的自然力，人类常常无法亲眼见到。神灵也可能以人或者动物的形态出现，嘉奖善行，惩治恶人。顺从神灵是十分重要的，人类向神灵乞求并且进献贡品，希望能够风调雨顺，保证自己获得丰收，并且多子多孙。

　　对于信神的人来说，星空是特别重要的区域。自然界中发生的许多事情都具有偶然性和不稳定性，星相却能给予我们一种安全感。星星在天空中以固定的轨迹移动，形状也不会随时间的变化而发生改变，按时升起，按时落下。

星相图，作者是弗郎茨·尼克劳斯·科尼希（作于 1826 年）。长久以来，人类就利用星相在夜间判断自己所处的位置、确定方位，并且描述行星和月亮的运动轨迹。古巴比伦时期，天球赤道附近的星相图被分为 12 个部分，用 12 种动物图形来表示，各自由恒星和恒星组成。

古巴比伦科学家在研究星空。

在古代农业社会里，重要的事情如播种、收获以及羊群的养殖，也总是在相同的季节中进行。

秋收的时候，人们总是看到相同的星星，于是相信：是某颗星带来谷物的成熟。这颗星星也就成为左右人们生活的神，对星相的解释也成为一种重要职业。人类发明文字以后，很快就有了关于行星和恒星的观察记录。许多宗教到现在仍旧相信神（或者神灵）居住在天上。

对神灵的信仰有举足轻重的意义，直到现在，这种信仰对很多人来说仍然十分重要。但是存在一个问题，即人们常常对信仰中提供的解释不甚满意。

比如说，古代的埃及人认为太阳是太阳神的眼睛。在埃及并不存在关于太阳的其他探索，所有人都只知道：太阳是太阳神的眼睛。

《圣经》里说，上帝在 6 天之内创造了世界，所以许多基督徒认为研究地球及地球上各种生物的产生是多此一举。这样一来，人们的好奇心在很大程度上受到限制。不相信神灵的人们就会遭受惩罚，因此，他们宁愿把想法保留在心里。

人类在地球上生活了数十万年，才发现可以用不同的思考方式来面对脚下的星球，也就不足为奇了。这个重要的发现产生于 2500 年前的一个小国家——希腊。

第二章

万物都由水构成

　　人们想要理解什么东西，一定会先有疑问。当然，提问不需要特别有技巧。现在我们所知道的很多事情，都是通过学习知识获得的，而这些知识是很久以前的人们提出疑问并找到的答案。那时候的问题在很多现代人看来可能是愚蠢的，不过自从人类诞生之日起，就不断地提出问题。在探索真理的过程中，可以提出任何问题，不管它现在是变得更简单（为什么瓢虫背上有斑点？）还是更难解答（宇宙产生之前存在些什么？）。

　　我们也需要时不时地作更深层次的探究。比如提出问题："什么是真理？"

　　这是个简单的问题。但是要给它一个准确的回答，却远远不如问题看上去那样简单。研究人员乐于说，自然界中的真相就是我们能用感官感觉到的东西，也就是说，真相是我们能够看到、听到、摸到、闻到和尝到的。如果有人看到一辆红色汽车，他说汽车是红色的，他就说出了一个真相。不过，有很多人是色盲，看不出红色和绿色的区别。那么，如果一个色盲把一辆红色的汽车说成是绿色的，也不能因此就表明他在撒谎。对于他来说，红色和绿色相同，这是个真理。但对其他人来说却并非如此。

　　用其他感官如听觉、嗅觉、皮肤的触觉来观察也会遇到类似的问题。所有感官都能让人类以自己的方式来体验真实。本书讲述了许多关于什么是自然界真相的不同观点，并且表明，在追寻真理的问题上并没有最终定论，也许我们永远都不能找到这样一个答案。

　　关于真相或者假象的问题，也存在于本书要讲述的内容中。探索真理的旅程主要涉及人们的思考。我们很难理解，我们所认识的人头脑里都在想些什么。

即使是最亲近的家人，要猜到对方的心思也不容易。可想而知，要理解在数千年前生活在另一个国度的人们如何思考，是多么困难。

第一个例子是泰勒斯，他被视为第一个研究者。公元前 625 年，泰勒斯出生于希腊城市米列都。据说他曾是很有名望的商人、政治家，另外还曾是非常能干的天文学家和数学家。公元前 585 年，泰勒斯成功地预言了一次日食，并且建议海员根据小熊星座来判断方位。小熊星座一直朝北，在海上可以作为"天象罗盘"。他还有许多其他重要的发现，是历史上最有智慧的希腊人之一。

人们还将许多更卓越的成就归功于他，超过了一个人所能够达到的程度。不过，我们所了解的关于他的事情，都是他去世之后才整理出来的。研究者也只能确定一点：他回答了"自然界是由什么构成的"这个问题。

如今，每个人都知道，地球是由石头、金属、泥土、水和空气构成，人类和动物则由肌肉、脂肪和骨骼构成。泰勒斯自然也知道这一点。他想知道的是，我们能看到的所有东西是否真的由唯一的一种物质构成，而这种物质又以各种不同形态出现。他的答案是："一切都由水构成！"

泰勒斯的相信，人类、动物、植物和其他自然界的事物，都由水构成。地球是一个平坦的切片，能在海水中浮游。另外，他还相信，远古的世界上只存在水，然后才由水生成了其他物体。因此，他将水称为"原始物质"。

泰勒斯答案是流动的、透明的水，和石头或者树木等物质之间差别太大，这本身是件奇怪的事情。但是他生活的米利都城位于地中海，气候温暖干燥，大多数人靠农业和捕鱼为生，对他们来说，水的确是生命之源。泰勒斯也到处游历，他知道，当时最大的帝国——埃及和巴比伦，都位于大河或者大海附近。没有水，人们就无法定居下来，没有水，任何生命都会枯竭。这也是泰勒斯将水当作独特物质的原因之一。

水的另一个特质是，它具有 3 种不同的形态。

这 3 种形态可以在厨房里看到。水龙头里出来的水呈液态；冰箱里的水成了冰块，也就是固体形态；如果将水加热，将会出现水蒸气。

我们在自然界中看到的一切，要么是固体的，要么是液体的，或者是气体的。那时候的泰勒斯只知道有一种物质可以以 3 种形态出现，并且能从一种形态转化为另一种形态：水。因此，他认为，各种不同的事物如树木、牛奶和云朵等只不过是水的不同表现形式。

泰勒斯提出的问题很不错，不过后来的研究者还是认为他的答案不正确。尽管如此，我们也不应忽视最重要的一点：泰勒斯曾经像一个研究者一样思考过。他明白，在许多复杂的自然现象背后可能隐藏着一个极为简单的原因。另外，泰勒斯还领会到，宗教并不能解开我们对自然界的所有疑问。答案只存在于自然界本身，我们如何找到答案，才是我们需要解决的问题。

一般来说，一个宗教要求所有信徒都认同一种观点。如果某人希望成为基督徒，那么他必须赞同耶稣所说的话，他也必须接受《圣经》中的所有内容，虽然有些内容看起来很奇怪或者是错误的。

如果要想和研究者一样思考，情况就不一样了。此时，我们必须提出各种可能出现的问题，并且自己去寻找答案。绝对不能仅仅因为别人怎么说，就把他的观点当作是真理。

在泰勒斯发现这种新的思考方式以后，一种新的职业也随之产生：哲学家（这个希腊词原指"热爱知识的人"）。哲学家的任务就是研究、讨论自然界和人类的问题，并将思考的结果著书立说。

泰勒斯离开人世数百年以后，哲学家的任务也划分得越来越细致。一些哲学家对自然界感兴趣，他们就被称为自然哲学家或者科学家。另一些人更关心人类如何思考与生活的问题，如今，只有探索这类问题的人仍旧被称为哲学家。

本书主要的目的是探索真理，主要关注的是自然哲学家。

第一批哲学家都出现于希腊，并不是个巧合事件。古希腊人曾是精明干练的商人、冷静老练的水手和发明家。在泰勒斯生活的时代，古希腊人就已经在地中海沿岸建立起了殖民地。希腊人也首先决定，应该由民众来决定谁担任当权者。直到今天，这种体系还由一个希腊词"民主"来表示。

在希腊，新思想比在任何其他地方都能更快找到受众。不仅对哲学家来说是这样，作家、诗人和雕塑家都一样。由于我们的现代社会继续受到古希腊思想的影响，我们也称希腊为"文化的摇篮"。

第三章

数字为大

为什么数学这么难？我们研究数学有什么意义？对于第一个问题的回答很简单，很多人觉得数学难，是因为我们的大脑并不是为数学而设计的。人类以前生活的自然环境中，数字根本不起任何作用，从一天活到另一天才是最重要的事情。从那时起到现在，人类的身体没有发生太多变化，有大脑的帮助，我们在丛林中发现剑齿虎比两两计数更容易。

比如说，人们闭上眼睛，试着设想 5 件物品，例如放在桌上的瓶子。桌上放着 5 个瓶子，这是显而易见的。随后，大脑必须设想在桌子上又多了 1 个瓶子。在先前的设想中桌上只有 5 个瓶子，要确切地在脑中"看"到 6 个瓶子相当困难。尝试着再多想 1 个瓶子，如果不是真的有那么多瓶子放在桌上，可以顺着数下来，那么几乎不可能"看"到 7 个瓶子。只有极少人能够同时"看"到 8 个或者 9 个瓶子。

因此，很多民族并没有关于数字的词语，也不足为奇。他们只有表示"一个东西"和表示"许多东西"的词，并没有表示"二"、"三"或者"四"的词语。

但是我们的社会认为，应该用数学来锻炼我们的大脑。为什么？这个问题有两个答案。一个是教师和家长所信奉的，也是我在此重复一遍的：谁要是想好好生活，就必须懂得数字。

试想一下金钱。要和金钱打交道，必须知道怎么数数。计算机轻便好用，但是有时候也有可能在输入数字的时候按错了按键。

会计算是有好处的。这也是人类在 5000 年前发明数学的原因之一。数学是苏美尔人发明的，他们生活在幼发拉底河和底格里斯河之间的两河流域，建成了世界上最早的城市。

苏美尔人发现，大城市的生活伴随着很多问题：事物必须统一储备、管理并分配；各个机构必须保证运转正常；数千居民缴纳税款，用以修建运河、街道、房屋、寺庙以及宫殿等等。要完成这些工作所需的工人数量和建材数量比在农村生活时都要多得多。同时，许多人开始以做生意为生，他们需要了解自己出售和购买的整体情况。

这类问题得以解决，是在苏美尔人发明了第一套数字体系以及数字加减乘除的计算规则之后。比如说，修建一座寺庙需要300天和1000名工人，每天每个工人需要2碗小麦，苏美尔的业主就能很快计算出，总共必须提供60万碗小麦。借助运算规则，在某种程度上也可以说能预言未来。

早期的苏美尔图形文字（大约公元前2800年），在伊拉克的杰姆特耐斯尔发现。

苏美尔人也知道，天象的变化也和数字有关。他们看到，在相同的季节，年复一年都能看到同样的星星。他们还发现，总是要经过365天，太阳才会重新在夏季回到天空的最高点；在2次满月之间总是要经过29天。不过，最独特的还要数一类特殊的星星和其他星星保持一定的关系而移动的情况。这种"运动的星星"也就是如今我们所说的行星，在固定的轨道上运行。

天空呈现的景象总令人惊叹，星星、太阳和月亮很明显也表示时间，给苏美尔人留下了深刻印象。总而言之，他们开始有规律地观察星星。第一批天文学家很有可能就是苏美尔人。

在大约4000年前，巴比伦人占领了苏美尔人的国度。

巴比伦人不仅接管了国家，还接收了苏美尔人的文字和数学知识，并且加以改进，提出了更精确的规则，能用来计算太阳、月亮和行星的活动。这些数学规则能帮助人们预知天空的未来趋势。

这些知识在当时一定像魔法一样对人们产生了巨大影响。巴比伦人认为，天空中的星相影响着地面上发生的各种事情。巴比伦的天文学家基本上和牧

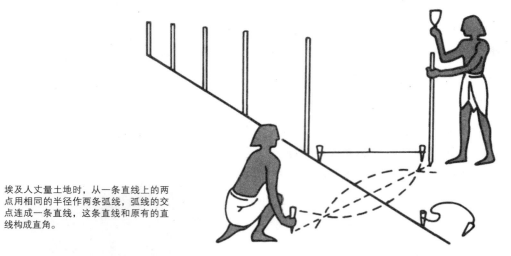

埃及人丈量土地时，从一条直线上的两点用相同的半径作两条弧线，弧线的交点连成一条直线，这条直线和原有的直线构成直角。

师一样，试图计算出人类的未来。古代的星相宗教流传至今，被称为占星术，是一门用古巴比伦星相数学进行预言的艺术。

巴比伦人用木条在泥板上写字。几十万个泥板都留存下来，大多数都是货物库存的列表、账单和占星表格。这告诉我们，计算（和金钱）在古代巴比伦人的日常生活中占有多么重要的地位。

几何也是在巴比伦产生的，是数学的一种形式，主要涉及三角形、圆形、四边形和线条等等。"几何"这个词的意思是土地丈量。巴比伦的邻国埃及有一个重要问题需要应用几何知识，也就是我们下面要讲到的。

埃及人以前（现在也是）十分依赖尼罗河，但是尼罗河每年都会发大水，淹没河岸。洪水泛滥带来了大量泥沙，洪水退去以后，泥沙仍旧留在河岸上。产生的问题是，尼罗河冲毁了代表土地所有关系界限的篱笆和石块。农民此时就需要请人帮忙，重新丈量土地。利用几何知识就能完成这项工作。

当希腊人开始对自然界产生兴趣的时候，数学已经在中东地区广为流传了。

希腊人爱吹嘘什么都是自己发明的，因此，他们也称泰勒斯为第一位真正的数学家。

与此相反，我们知道，仅有极少数希腊哲学家会应用巴比伦方法进行测量，其中一位就是毕达哥拉斯。他于公元前 570 年出生于萨摩斯岛上，可能是泰勒斯的学生。毕达哥拉斯主要因两项成果而闻名于世，虽然其中一项不是他发现的，但是以他的名字命名，这就是几何中著名的毕达哥拉斯定理。

该定理表明三角形三边长度的关系。在一种特殊的三角形中，有两条直角边。如果一根线上系上物体，向下悬垂，那么线与地面之间成直角。书页的各个边角也都成直角。

带有一个直角的三角形，如果知道了其两条直角边的长度，可以计算其最长一边的边长。最简单的方法就是用一个数学公式来表达。如果较短的两条直角边分别是 a 和 b，较长的边为 c，那么公式为：

$c \times c = a \times a + b \times b$

人人都可以来验证公式是否正确，只需要实地测量一下斜边长度即可。取一条线段，从右上方的角向左下方的角延伸。这条线段将一页书分成两个三角形，每个三角形都有一个直角。现在，我们可以用尺子来量对角线的长度，然后测量本页书的长度和宽度，用上面的公式计算出斜边的长度，看和量出来的对角线长度是否一致。

发现这个定理的原本是埃及人，当时他们必须计算三角形来修建金字塔。

后来，埃及人又用这个定理来计算山的高度，以及到星星的距离。

第二个发明则有可能真的是出自毕达哥拉斯本人。如果竖琴的琴弦有一定的长度，每条琴弦的声音会清脆纯净。每条琴弦的长度可以写成数字，毕达哥拉斯认为，在魅力的琴声之后隐藏着数字，因此他为音乐提出了数学规则。

由于毕达哥拉斯在巴比伦学习过，他知道巴比伦人是如何计算行星和恒星的运动的。探索两种不同的事物——音乐和星空，使他产生了一个想法：在自然界的万

埃及人都已知道，由边长分别为3、4、5个长度单位构成的三角形是直角三角形，5个单位的边长所对的那个角是直角。

事万物背后都隐藏着数字,数字是"原始物质",就像泰勒斯认为水是万物之源一样。

不过,毕达哥拉斯比泰勒斯走得更远。他创立了一个新的宗教,敬奉数字为神灵,并且拥有大量信徒。在毕达哥拉斯本人去世之后数百年,这类"毕家门徒"还存在,并且将自己的信仰严格保密,谁要是公开谈论这个话题,将被判以死刑。

虽然毕达哥拉斯的想法对今天的人们来说比较奇怪,但他的确发现了数学的重要性。现在,我们来讲一讲必须学习数学的第二个理由(也即是第二个答案):自然界中发生的许多事情,实际上都遵循着数学规律。即便不能说万事万物都由数字构成,也可以看到,几乎所有的东西都能用数字来描述。如果对数学一无所知,要理解自然界发生的各种事件几乎是不可能的。

希腊哲学家也知道这一点,因此数百年不变地深深沉浸在数学的魅力之中。毕达哥拉斯生活的时代,数学还十分混乱,并不精确。因此,人们需要一种新形式的数学来研究世界,它必须拥有确定的规则。新数学于公元前 300 年左右问世。那时候,数学家欧几里得写了一本书,名为《几何原本》。书中包括了应用几何的明确规则,并解释如何推导出数学证明。

数学证明应该表明数学规则总是正确的。例如毕达哥拉斯定理,我们如何知道他关于三角形的说法总是正确的呢?人们可能会想,大三角形适用的规律和小三角形不同。读过欧几里得那本书的数学家,就能够证明,毕达哥拉斯定律对于所有直角三角形都适用,和三角形的大小无关。

欧几里得的研究非常重要,直到今天,他的那本《几何原本》仍然被当作数学课本使用。

毕达哥拉斯定理在很短时间内就传播到阿拉伯世界。上图是证明毕达哥拉斯定理的阿拉伯文复印件,表明定理正确,并且永远有效。该证明由希腊数学家欧几里得完成,他于公元前 4 世纪在亚历山大里亚执教。

第四章

万物都由原子构成

许多哲学家不相信，自然界是由水或者数字构成的。因为没人能够证明到底哪种说法正确，也没有人能够让自己的理论站稳脚跟。哲学家恩培多克勒（生于约公元前 490 年）认为世界是由 4 种原始物质构成的：火、土、空气和水。他称这些物质为"元素"。

哲学家阿那克萨哥拉不赞同恩培多克勒的观点。他认为构成世界的要素的数量无限，并且，月亮是由泥土构成的，太阳则是炽热的金属块，大小和雅典西部的伯罗奔尼撒半岛一样。对阿那克萨哥拉来说，月亮和太阳是自然世界的一个构成部分，和树木与石块一样。由于大多数希腊人认为太阳和月亮是具有强大力量的神灵，许多人对他的说法十分愤怒。阿那克萨哥拉被关进监狱，最终被驱逐出他的家乡雅典。

然而，恩培多克勒和阿那克萨哥拉都没有能够解释，物质或者要素是由什么构成的。他们眼中的要素是固体的物质。这一点和如今我们在日常生活中观察到的一样。如果在食指和大拇指之间夹一块黄油并捏一下，黄油是滑滑的，也可以随意用力捏，且不会成团。固体也是同样。如果我们将一粒糖块碾碎，看到的将会是组成糖块的微小粉末状的糖粉，也称为糖霜。如果将糖粉弄得更碎，还会获得颗粒更小的糖块微粒。

没有任何事情表明，自然界中的物质是由微小的"基石"组合而成。不过总有一个开始的地方吧？我们来设想一下，一种物质，比如说水，是一种单位液体，是不是也意味着水是由无限多的小微粒组成的？

提出这类问题的是哲学家德谟克利特。最后，他得出一个结论，自然界中一定存在"基石"。他认为，有一种特别微小的物质，宇宙中存在的最小物质是再也不能被划分为更小的单位。因此，他用希腊语"原子"（意为不可分割）来表示这种物质。根据德谟克利特的看法，原子粒在空旷的空间里漂浮，自然界中的所有变化都是原子粒之间相互碰撞造成的。

原子颗粒极其微小，人类无法用肉眼看到，并且还有不同的形状。所以，许多原子一起构成较大的块。固体由这些原子组成的块构成，如果原子又彼此分开，那么物质自身就分解掉了。原子不会消失，它们只会重新构成新的形状。

德谟克利特考虑到，原子先于其他事物存在。太阳、泥土和自然界中的其他事物都产生于强有力的原子漩涡中，因为偶然产生。原子遵循其自身的规律，神灵对它们没有任何影响。那么，神灵对自然界就不起任何作用了。

这个想法让我们想起现代科学，到现在，人们仍旧把自然界中最小的"基石"称为原子。但是，在德谟克利特生活的时代，没有人愿意相信他的观点。许多哲学家拒绝相信自己肉眼无法看到的东西。恩培多克勒提出的要素显得更令人信服，因为它们由每个人都能亲眼见到的物质构成。

原子在空旷的空间里漂浮的说法，也有很多人不愿意详细了解。空旷的空间不一定一无所有，那究竟什么叫作一无所有？自然界真的是由微型颗粒构成的吗？这类问题是德谟克利特的原子论无法说服人们的重要原因。就连后来十分著名的自然哲学家亚里士多德也不支持他的观点。

第五章

亚里士多德

亚里士多德 像

亚里士多德是为数不多的著名希腊哲学家之一。主要原因在于，他有 2000 份以上的手稿遗留下来。因此，我们能确切地知道，他在公元前 384 年生于斯达奇拉，父亲是马其顿国王的私人医生。马其顿王国位于希腊北部。

亚里士多德年轻的时候都在想些什么，我们并不知道，也许他父亲的职业勾起了他对自然界万事万物的兴趣。家境的优越，让亚里士多德能学习自己想学的东西，因此，他 17 岁就游学到希腊最重要的城市雅典。

那里有一座学园，一所哲学学校，由哲学家柏拉图于公元前 387 年创立。在亚里士多德开始学习的时候，柏拉图还在学院授课。

柏拉图并不特别对自然界感兴趣。他认为我们能看到的一切并不是真正的现实。他认为，在自然界的任何事物背后都隐藏着一个看不见的计划和想法，只有这些计划和想法才是真实的，而事物本身并不真实。柏拉图可能会说，我们手里的这本书只是真实书本的影子，是广为接受的一个概念的影子。

根据柏拉图的想法，哲学家应该集中精力于这些想法，并且只能通过思考来完成。柏拉图觉得研究自然界毫无意义。由于数学多和数字、图形打交道，而数字和图形又常只存在于人类的想象中，这使数学成为柏拉图认为唯一有研究价值的科学。

柏拉图的想法并不新鲜。他的伟大老师苏格拉底也认为对自然界的研究无足轻重，甚至是一种思想的病态。

很明显，这类想法不能使自然研究有所进展。尽管如此，柏拉图还是有一些成就对所有的研究者都起着重要作用。实践证明，建立一座学园就是一个很好的主意。当全国各地而来的哲学家在一个地方相聚，他们就可以相互学习，并和其他哲学家共同讨论问题。之后的 800 多年。学园培养了很多的哲学家，如今，所有的研究者都在类似这座学园的学校中学习过。这种学校被称为"综合性大学"，培养出来的人才被称为"学者"。

亚里士多德和柏拉图私交好，但却并不总是赞同自己老师的观点。比如说，他认为我们看到的东西是真实的，而不是空泛的想法。因此，他也认为，我们从对自然界的观察中能够学到很多东西。亚里士多德是认真进行自然研究的首位希腊哲学家。

自然界中的各项事物并不是井井有条地存在，因此研究自然并不容易。石头、云彩、水、动物和植物，一切都错综复杂，只有少数事物的不同构成部分之间似乎存在一定的关联。

对日常生活而言，所有这些对人类都毫无影响。人类的大脑已经适应了自然界的混乱状况，能将我们看到的事物自动分类来解决这个问题。所有拥有"褐色树干"和"绿色冠状物"的东西都被划分到树木组。所有白色巨大的、在天空中活动的物体都叫作云彩。而有皮毛、四条腿和尖牙利齿的生物很快就被划归到走兽的类别。人不用想自己看到什么，而是将其划分到一个合适的类别中。这样一来，人类的思考速度更快、更有效率，比如在路上突然看到有皮毛、四条腿和尖牙利齿的生物，马上就知道面对的是什么。

不过，人们也不用长久待在森林中，才能辨认出各种不同的树木。一些树木的叶子是圆形的，一些是锯齿形的，一些看起来根本就没有叶子，而是只有松针。观察花卉、动物和石头，也会获得类似的结论。不同的类型有成千上万种，不管是生物还是没有生命的物体。

亚里士多德也知道这一点，在几十年的时间里，他研究了 500 多种不同的动物和植物。亚里士多德对自己研究的不同种属之间的相似性很感兴趣。冷杉和松树虽然是不同的树种，但是它们之间类似的地方比冷杉和桦树的共性还多。亚里士多德认为，彼此有相似性的动物和植物种属，在某种程度上是有亲缘关系的。因此，他也把猴子当作是人类和其他哺乳动物之间的过渡物种。

亚里士多德尤其对海洋感兴趣。他花费了大量时间研究墨鱼和有毒动物，并得出结论，海豚不属于鱼类，而是呼吸空气的哺乳动物。

他还大量研究动物的繁殖情况。在不同的养殖场，他发现，鸡蛋中的一个小点变成一个胚胎，然后变成一只小鸡。亚里士多德是生命科学的创立者，也是动物早期发育科学、胚胎学的创立者。

亚里士多德提出了一份"等级表格"，动物和植物按次序依次排列下来。表格中的最下方是能够自身繁殖和生长的植物。往上是动物，因为动物还能自己活动。最上面是人类，除了前面提到的特点，人类还具有思考的能力。现在的大多数人都认可这样一种排列次序。

亚里士多德将自己的观察结果写到书中，描述生物的外表，生物如何活动，生物吃什么东西，以及它们如何繁殖。没有任何一个哲学家像亚里士多德拥有如此广泛的兴趣。他还撰写了许多关于政治、艺术、道德和天文学的书。

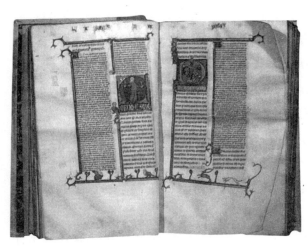
亚里士多德的《物理学》，物理学学科的名称正是来源于这部著作的书名。

那时候，许多希腊人已经在研究星空，不过，亚里士多德是第一个产生了地球是球形的想法的人，这在当时是非常勇敢的。那时候，大多数哲学家，或者说大多数人都还把地球当作是扁平的土块。他们有自己的理由，因为世界看起来并不是球形的。

一次观察月食后，亚里士多德得出一个结论，即世界是球形的。月食只有在满月的时候才可能发生，从月亮渐渐变成橙色开始，随后，一片圆形的深色区域慢慢移动到月亮前面。这片区域遮盖月亮一段时间，然后又消失了。

许多人相信，神灵将满月染成黑色，目的是为了恐吓凡人。亚里士多德则认为圆形的区域是地球在阳光的照射下投射到月亮上的影子。阴影总是圆形的，而只有在地球是球形的时候，阴影才有可能是圆形。如果地球真是扁平的，将会时不时斜对太阳。那我们在月食时只能看到细细的条状阴影。

亚里士多德还有一个论点：从陆地出发的船只，看起来似乎消失在地平线之后。但首先退出眼帘的是船身，随后是帆，最后是桅杆的顶部。只有在地球是球形的时候，才会发生这样的情况。大多数哲学家接受了这个说法，从此以后，学者们就认为地球是球形的。

亚里士多德和米利都的泰勒斯运用了同样的方法。他试图用实物来解释自然界发生的现象。月食并不是神灵的警告，而纯粹是因为地球在月亮上的投影而造成的。亚里士多德举例说，人们也可以自己观察，比如比较一个小球和盘子在墙壁上的投影。如果将盘子放在不同的地方，就能明白他的意思。

不过仅仅通过观察自然界来为我们所看到的东西寻求一个答案，还是不够的。对于同一个现象常常存在许多种解释，研究者必须细细考察，辨明真伪。亚里士多德提出一系列规矩，告诉研究者应该如何进行研究。这些思考规则被称为"逻辑"，亚里士多德的大部分工作都和逻辑有关。关于逻辑，他还写了一本书，名叫《工具论》。书名选得非常好，因为亚里士多德凭借这本书，为每个研究者都提供了一个真正的工具。

在这里，我想用一个探索真理中十分重要的词：理论。人人都知道这个词，有时候它还带有负面的意味。一个只会夸夸其谈的人，在日常生活中手足无措，被称为"理论家"。如果我们说："啊！这只是理论。"所表达的意思就是：这个论点缺乏说服力，不需要多关心。

不过研究者的看法却大不相同。如果他们想解释在自然界中看到的某件事情，就需要用到理论。因此，研究者的任务是发展这些理论。我们完全可以说，探索真理的过程也就是发展新理论的过程。

在理论和想法之间存在着巨大差别。我们都能轻易对自然界中的事情发表自己的看法。要为月食找到一个和亚里士多德的解释不同的说法，毫无问题。比如说，我认为，"当一大群鸟类飞过月球的时候，会发生月食"。

这是个有趣的想法，但称不上是理论。如果要其他研究者认真对待我的想法，那么我必须能够回答一些问题，如："为什么鸟类飞过月球的时候会停顿下来？为什么鸟群飞过月球的时候总是形成圆圈？鸟群一般的飞行高度离人类比较近，如何能够使得不同地方的人都同时看到深色的区域？"

要想把这个想法变成理论，我必须能够回答上述问题和其他许多问题。如果我的理论有可能建立，我还必须说服其他研究者，我的解释比亚里士多德的解释更佳。

发展一门理论就像盖一座房子（研究者口中也谈到"构建一个理论"），这是一项费时费力的工作。泥瓦工一砖一瓦地堆砌，目的是建造稳固的房子，同样，研究者也必须努力为各种问题提供答案。此时，亚里士多德的逻辑能提供很大帮助，辅助研究者将自己的想法整理为正确的顺序，并且发现其中的错误和缺陷。

人们常说，自然研究是从亚里士多德开始的。亚里士多德如此有名望，以致许多后来的哲学家根本不敢相信他有错误的地方。他们完全忘记，亚里士多德曾经说过："真相是和自然最为接近的想法。"他们以为："真相是和亚里士多德最为接近的想法。"

许多有能力的哲学家和亚里士多德观点不同，也因此无法建立自己的学说。萨摩斯的阿里斯塔克斯就是这种情况，他生于公元前320年，和亚里士多德一样，阿里斯塔克斯也观察到，太阳、月亮和星星都在天空中运动。但是他却给出了一个和亚里士多德完全不同的解释。

亚里士多德认为，地球位于宇宙的中心，而太阳、行星和恒星则固定在较大的透明球体

阿里斯塔克斯还测量了我们到月亮和太阳的距离。月亮（1）在第一个1/4圆和太阳（3）一起与地球（2）构成一个直角（90°角）。不过，阿里斯塔克斯错误地测量了太阳和月亮之间的角度，他测量的结果是87°，而不是89.52°。因此，他计算出太阳与地球之间的距离比月亮与地球之间的距离大20倍，而实际距离是这个数值的390倍。小小的测量错误造成巨大的偏差。原因在于：很难确定月亮与太阳和地球什么时候成90°角，因为月亮的地面投影不可能有清晰的阴影边缘。

上，并且围绕地球绕圈。这个设想十分接近于实际情况，因为天空似乎真的

是在围绕地球旋转的。太阳每天从东方升起，从西方落下，天空中的恒星和所有其他天体也是如此。

阿里斯塔克斯却认为，太阳位于宇宙的中心，地球和其他行星围绕着太阳转圈。天空看起来自东向西移动，是因为地球在朝相反的方向转动，即自西向东。人们甚至可以自己画张图来看。

我们将目光投向一个物体，比如投向墙壁上的一幅画，然后从右向左转动头部。此时，墙壁上的画看起来在向右运动。不管我们向哪个方向转动头部，我们所看的物体仿佛就在向相反的方向移动。所以，天空中的情况也是如此，这就是阿里斯塔克斯的观点。地球自西向东转动，那么天空看起来就是自东向西转动的。

阿里斯塔克斯还尝试着计算从地球到太阳和月亮的距离。他得出的结果是，太阳离地球的距离是月亮离地球距离的 20 倍。不过，考虑到阿里斯塔克斯那时候还没有望远镜，也没有现代化的工具，得出这个数字已经是很了不起的成就了。

虽然阿里斯塔克斯也能像亚里士多德一样充分论证自己的观点，但我们对他的了解却少之又少。追随他的学生们没有保存他的手稿，由于他和亚里士多德意见不同，也无法引起人们的兴趣。在他的想法重新为人所知的时候，至少已过去了 18 个世纪，而且是在欧洲一个完全不同的地方。

第六章

实用主义哲学家

按照今天的标准来看，大多数人在古希腊时代已经算活到高寿。在古希腊只有富有的男人才有可能选择接受教育，并成为哲学家。女人和奴隶的地位不比动物高多少，而对于所有穷困的人而言，哲学家是否相信万物由水或者原子组成，并没有任何意义。

如今，我们都认为，自己获得的关于自然界的知识都能得到实际的应用。如果研究者有了新的发现，首先要提出的问题是：这项知识对我们有什么用途？但古希腊人所持的并不是这个想法。许多哲学家都是富人，轻视体力劳动，他们根本不会去想，哲学思想能改善农民和奴隶的生活。那些农民在田间不断劳作，奴隶在矿场累到精疲力竭。

对于像亚里士多德这样的哲学家来说，他那时候并不能考虑到"所有人"。这也不全错，我们总不能期待，一个在众多奴隶服侍下长大的富人，认为奴隶制是不合理的。换成我们会这样做吗？哲学家和科学家的任务难道不是重新思考吗？这个问题并不简单，在此提到它，是因为它始终和世界上所有的哲学家有关。我们可以预料，就算在将来，这类问题也仍旧会起着重要作用。

除此以外，希腊在各个方面都堪称"我们文化的摇篮"。我们社会中的许多负面因素也是从希腊祖先那里继承而来的。比如说，希腊人不允许女人成为哲学家，导致了只有在现代社会，女性才能进行哲学研究。

可是，现代的科学家和哲学家中，男性数量还是大大超过了女性数量。

有一个对普通人的生活感兴趣的哲学家是个例外，这个人就是希波克拉底。他于公元前460年出生在科斯岛，也是像泰勒斯一样是个神秘的人物。关于希波克拉底，我们只确切地知道一点：人们处理病人的最古老方式并不适合他。

数千年来，人们一直认为疾病是神灵对人类的惩罚，并且唯一的医生常

古希腊大理石浮雕图中，医神阿斯克勒庇俄斯正在治疗病中的少年。当时最著名的神灵圣地之一就是科斯岛，希波克拉底曾在那里建立了医生学校，并且以神为榜样来进行自己的医疗工作。直到今天，有神蛇缠绕的木棒仍旧是希腊所有医疗职业的代表图形，并且在各个药店中都能看见。

常是试图虔诚赞同神灵的"巫师"。比如说，羊角风就被认为是"神旨的疾病"。人们认为，恶魔或者神灵无法解释羊角风发作的原因。然而，希波克拉底的一个学生却这样写道："羊角风和其他疾病一样，肯定也有自己的自然原因。"

希波克拉底和他的学生都认为，人们的健康不受神灵的影响。任何疾病都有其自然的解释，并且是基于人体中的某种不平衡产生的。必须重建身体的平衡，只有接受过教育的医生才能做到这一点。

希波克拉底要求学医的学生检查自己的病人，并且根据自己所学的知识来判断病人的状况。今天，我们称这种做法为"诊断"。病人必须遵循医生的建议服药，合理地摄取营养和进行运动，身体必须自然痊愈。医生的帮助只是一种辅助，有时候医生什么都不做，会比让病人服药效果更好。

在科斯岛上，希波克拉底建立了世界上第一所医院，可以为病人进行手术（没有麻醉）。虽然使他闻名于世的许多工作都是由他的学生来完成的，希波克拉底仍旧是医学的创始人。今天，所有的医生都必须宣读希波克拉底誓词，并发誓为病人尽最大努力。

希波克拉底和其他希腊医生在宗教方面遇到过问题。那时候也和现在一样，要对死者表示敬意。可是，尸体能让研究者知道，人体内部是什么样子的。在公元前470年，医生阿尔克麦翁开始切割尸体——现在被称为"解剖"——目的是研究人体的内部结构。自然，他面临极大的阻力，解剖在希腊是被禁止的。

因此，医生只能通过触摸病人或者动物的腹部来猜测人体内部器官的位置。由于他们对人体知之甚少，许多希腊哲学家认为，我们是用心思考的。在一定程度上，这个观点影响深远。心脏被视为爱的标志，在一个人关心他人的时候，我们的语言中也还有"好心"的说法。

比希波克拉底晚6个世纪的伽列诺斯，被称为现代人体构造科学——解剖学——的创始人。伽列诺斯关于人体的知识，大部分是通过解剖猪、山羊和狗获得的。伽伦——后来人们这样称呼他——写的书也为医生们使用了达1000年之久，虽然现在很容易看出里面的一些错误。

另外，医生也不比其他希腊科学家和哲学家更优越。虽然上千年来一直是女性熟知草药，懂得接骨技术，处理伤口和发热，减轻病人的疼痛，但在希波克拉底将医学提升为哲学的一个领域以后，就禁止女性治疗病人了。

女医生阿格诺迪克抗争禁令，并且不断取得胜利，女性可以在分娩时担任接生婆。又过了2200多年，女性才能同男人一样学习医学。由于她们不能成为女医生，就成为"智慧的女人"，应用自己关于医学的知识为人们服务。在20世纪中还有一些病人寻求智慧女人的帮助。

第七章

阿基米德

说到发明家，我们脑海中会出现许多名字。今天，托马斯·爱迪生（电灯的发明者）、莱特兄弟（发动机飞机的发明者）和马可尼（收音机的发明者）是其中最著名的3位。他们都有一个共同点，就是不断地发展前人留下的科学知识，并且进行有益的发明。事情总是这样，没有发明，科学对大多数人来说便毫无意义。

随着时间的推移，我们也了解到，古希腊人是如何看待发明的，因此，古希腊只有为数不多的发明家并不让人感到奇怪。其中最伟大的发明家要数阿基米德，他生活在公元前287年到公元前212年，是学识丰富的哲学家。和许多哲学家一样，他对数学和几何十分感兴趣。阿基米德提出一些规则来计算圆锥、球体和其他几何形体的表面积和体积。

浴盆中的阿基米德。传说阿基米德到公共浴池洗澡受到了启发，发现了有名的浮力定律，即浸在液体中的物体受到向上的浮力，其大小等于物体所排出液体的重量。

但是让他著称于世的还是阿基米德定律，因为这能说明人们把东西放入水中时会发生什么事情。有一股力量向上托起该物体，这股力量被称为"浮力"。人们可以通过计算有多少水推动该物体，来测量浮力的大小。将一个碗盛满水，放入一个石块。水面会上升并从碗中溢出。如果溢出的水流入另一个碗中，称其重量就能得到浮力了。浮力就是溢出的水的重量。

阿基米德定律表明，如果我们放入水中的物体会下沉，那么就说明它比溢出的水更重。也就是说，物体的重量大于浮力。如果物体的重量比溢出的水轻，那么它会在水面漂浮。石块比浮力重，因此石块会下沉。木片比溢出的水轻，因此木片漂浮在水面上。

这个原理还解释了，为什么船只虽然是由金属制成的，仍旧能在水面行驶：船是中空的，因此重量比受船体排挤的水要轻。

关于阿基米德定律还有一个美妙的传说。

传说叙拉古城的国王命人制作了一个黄金的王冠，但是他又怀疑王冠不是由纯金制成，而是由镀金或者其他金属制成。国王召见阿基米德，请他解决这个问题。

阿基米德冥思苦想，都没有找到好的方法。直到有一天当阿基米德进入浴缸的时候，看到水溢出，他立刻跳起来，大喊："我找到啦！"并赤身裸体跑到大街上。

阿基米德将王冠放到盛满水的碗中，用另一个碗接住溢出的水。然后他又拿了和王冠一样重的一块黄金，放到碗中，也用碗接住溢出的水。随后，他又用其他金属混合的、和王冠同样重量

公元前 212 年，罗马人攻入叙拉古城时，阿基米德并不知情，还在全神贯注地研究一个数学问题。罗马士兵命他立刻去见罗马侵略者首领马塞勒塞，但阿基米德急于解决数学问题，便请求等一会儿，罗马士兵不耐烦，举刀砍死了一代天才阿基米德。

的金块重复进行这个步骤。

最后，阿基米德比较三碗水的重量，发现，王冠和混合金属块放入碗中时，溢出的水一样多。而纯金块放入水中，溢出的水比较少。因此，阿基米德确定，王冠中还使用了其他金属。

阿基米德还有许多其他重要的发明。

在第二次布匿战争时期，当罗马军进犯叙拉古城时，阿基米德曾设计了守城器械，其中有投石器，能将大石块抛掷得很远；凸面镜将太阳光集中反射、烧毁罗马战船。不过，这种镜子可能只是阿基米德的一个想法，实际上，那个时候的人还无法为如此远的距离制作大小合适的镜子。

阿基米德最重要的发明就是阿基米德螺旋提水工具，这是一种简单的泵，用脚或者由牛或者马来驱动。制造这种机械装置简便又便宜，因此，中东的农民到今天仍在使用阿基米德螺旋提水工具往农田里灌水。在现代的机器中，比如联合收割机中也有类似阿基米德螺旋提水工具的部分。在希腊哲学家的所有发明当中，这项发明可以算得上是对老百姓最为重要的了。

另一个重要发明家是亚历山大里亚的海伦，他出生于公元前1世纪。海伦发明了一种蒸汽机：一个球体的每一面都有一个支出的管道，在可以旋转的球体中导入蒸汽，蒸汽在管道中奔涌时，球体就会旋转。海伦的蒸汽机马力太弱，不足以驱动较大的物体，如飞机等。但是它的确是机器——能自己旋转的东西。

为什么那时候没有人明白，这个机器将会有多么重要？也许是因为古希腊人还不需要蒸汽机。他们已经拥有奴隶来完成许多事情。海伦的蒸汽机很长时间都被当作是一个有趣的玩具，随后就被人遗忘了。直到15个世纪过去以后，蒸汽机才再次被发明出来。这一次，蒸汽机的出现改变了整个世界历史。

第八章

亚历山大里亚图书馆

　　文字是一项特殊的发明。当我们读到这个句子的时候，脑海里似乎有一个在说话的声音。声音表达出来的话语停驻在大脑中，不过只持续一段时间，因为我们读到的（也包括看到的、听到的、尝到的、闻到和触摸到的）东西很快就会被遗忘。不过也只能如此，否则我们的大脑就会被各种印象和知识塞满，无法正常工作。

　　一本书就是一种扩展了的记忆，能毫无改变地将知识保留数百年时间。没有什么比书本更适合用来保存我们的想法，因此毫不奇怪，哲学家和研究者很早就开始撰写书籍。随着时间的推移，人类拥有的书也越来越多。成千上万的书出现在世界各地，构成了书的海洋。

　　知识是件美好的事物，但是太多知识会造成问题。假设，一位科学家有一个很不错的想法，他如何能确定其他人从未有过相同的想法呢？只有一个办法，就是去一个图书馆，请求图书管理员的帮助。

　　图书馆（Bibliothek）这个词也是来自希腊语，原意是"藏书室"，正好点明图书馆的作用。图书馆里有大量藏书，没有图书管理员我们将会变得十分无助。一名图书管理员好比船上的舵手：他不一定知道所有的航海路线，但是他知道如何找到正确的路线。图书管理员帮助我们找到所需的知识。

　　图书馆对于一个社会如此重要，在古代的一些大城市中可能已经存在图书馆了。我们所知的最古老的图书馆是一座有 4000 年历史的陶片收藏馆，所有陶片都来自巴比伦的城市尼普尔。

　　希腊人拥有许多图书馆。其中最大的一座位于埃及的亚历山大里亚，据说曾收藏有 50 万册纸莎草卷——长达 9 米的类似纸质的条幅，由尼罗河畔的纸莎草叶制成。在草卷上记录了希腊研究者、哲学家和艺术家数百年来的所思所想。

来自希腊各个城市和殖民地的哲学家和研究者都来此阅读这些纸草卷上的内容。许多人停留在亚历山大里亚，使得这座城市成为重要的研究中心。图书管理员也和其他哲学家一样进行研究。比如，曾任图书馆馆长的埃拉托斯特尼，是测量地球周长的第一人。他采用了一种非常简单的方法，得出的结果非常接近正确数值。

埃拉托斯特尼听说，太阳在夏季将会处于亚历山大里亚市南方城市色耶尼的正上方，中午时分，那里的楼房、人或者树木都不会有任何影子。埃拉托斯特尼经过研究，发现在亚历山大里亚不是这种情况。太阳在夏季更高，所有的东西都有少量阴影。

在相同的时间，太阳直射到色耶尼，却斜照到亚历山大里亚。这个现象让埃拉托斯特尼相信，计算地球的圆周是可能的。

埃拉托斯特尼雇用了一个帮手，让他测量两个城市之间的距离，方法是数自己从亚历山大里亚步行到色耶尼走了多少步。然后，埃拉托斯特尼再测量太阳在天空中与两个城市构成的角度。他再把两座城市间的距离和太阳在天空的不同位置结合起来，得到一个结论，地球的周长大概在 35000 到 45000 千米之间（而实际周长为 40075 千米）。埃拉托斯特尼只是采用了如此简单的方法，就能得到近似实际值的结果，真是了不起。

埃拉托斯特尼算得上是当时最聪明的人之一，并且了解了很多希腊探索家、商人和征战者在旅途上的所见所闻。

因此，他能够绘出一幅世界地图。那时候有许多世界地图，但是埃拉托斯特尼的地图可能是大小比例和地

埃拉托斯特尼观察到，色耶尼（A）上方的太阳和地球成直角时，阳光和亚力山大里亚（B）成 7.2°角。从 A 到 B 的距离通过计算步数得出。7.2°所对应的弧线正好是整个圆周的 1/50（整个圆周是 360°）。因此，按照埃拉托斯特尼的计算，地球的周长就是从亚历山大里亚到色耶尼长度的 50 倍。

球实际规格最为一致的一幅。埃拉托斯特尼还是创建地理学的研究者。地理学 Geographie 也是希腊文，原意是"描绘地球"，地理学的确描述的是地球的外貌。

托勒密 像

数百年后，亚历山大里亚的另一名科学家绘制了一张更精确的地图。他就是托勒密，是亚里士多德关于世界和宇宙理论的追随者之一。但是他也知道，亚里士多德无法解释天空中出现的所有现象。太阳、月亮和星星并不构成问题，它们自行移动，就像固定在一个透明的围绕太阳绕圈的球体上一样，这正是亚里士多德的观点。

不过，希腊人十分熟悉的五个行星却不一样：水星、金星、火星、木星、土星。一般情况下，它们缓慢地自东向西旋转。有时候它们也会改变自己的运动轨迹，朝相反的方向飘游长达好几个月。然后它们又返回原路，重新自东向西转动。这是怎么回事呢？

最简单的解释是，行星出于某个原因会停止并朝反方向旋转。但是托勒密对这一解释并不满意。和亚里士多德一样，他相信宇宙空间中存在着严格的规则。行星总是遵循一定的轨迹，朝着相同的方向，以均匀的速度运动。

因此，在亚里士多德行星体系的基础上，他提出了自己的观点。托勒密设想，这些巨大的行星附近都还有更小的、同样也在旋转的球体。并且行星和这些球体都遵循固定的轨迹。托勒密可能建构了一个关于天空机制的机械模型，"托勒密体系"所展现的行星运动，几乎和我们今天观察到的情况一模一样。

星球都是高速旋转的，且都遵循着固定的轨道，这种说法在当时也是独树一帜的。他生活的时代，并不认为和实际情况一致的东西就是对的，和亚里士多德的观点一致，才能称得上是真理。

托勒密在自己的《数学系统》中阐述了各个方面的内容，这本书中列有

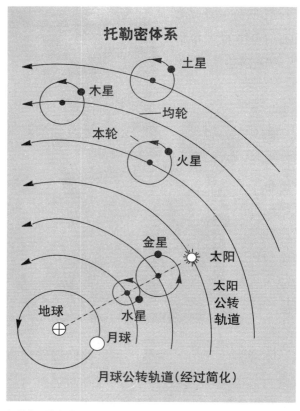

托勒密体系

土星

木星

——均轮

本轮

火星

金星

太阳

太阳公转轨道

地球

水星

月球

月球公转轨道（经过简化）

托勒密天体系谱图。这张天体图从整体上看是错误的，但它也有某些合理性和科学性。

天空中星球的详细列表，以天文学家希帕科斯的记述为基础。我们今天仍然在使用的大多数星相的名称，都来自这本书。1400 年来，这部作品一直都是最重要的天文学教材。

事实上，托勒密只是对前人的知识进行了补充，这一事实表明，希腊哲学的辉煌时代已经走向尾声。希腊哲学的没落和罗马崛起成为欧洲大国有关。罗马人是实用主义者，他们研制操作简便的机器和设备，直到今天，人们还惊叹于古罗马的建筑与街道。罗马人还制定了法律和各项规定，很多内容在现代法律中还有所体现，并且，我们直接沿用了罗马日历和罗马的月份。甚至本书中出现的字母也是罗马人首先使用的。

但是更为深刻的思想和研究并不能引起罗马人的兴趣。他们将其留给了希腊人。对罗马人来说，关于自然界的真理首先是像希腊人思考的那样，而不是他们自己亲眼见到的。比如说，罗马人有很好的医院，可是医生一定都注意到了，希腊科学家关于人体器官的描述并不总是和自己的实际经验相符合。然而，他们并没有从中得出什么新的结论，更没有什么新的发现。

由于古罗马国王并没有禁止哲学的发展，在整个古罗马统治时代，各个学院和类似的学校仍旧培养着科学家和哲人。因此，在哲学复苏之前，可能凭星星之火延续数百年。也许历史上会出现另一个亚里士多德，为研究赋予新的生命。

可惜，一切都毁于一场灾难。亚历山大里亚的大型图书馆在公元前 47 年恺撒发动战争时遭遇火灾，最终全部化为灰烬。

只有极少数纸莎草卷躲过了被烧毁的厄运，因此，希腊人大部分关于历史、艺术和文化的知识永久丢失。

我们知道，也许有人故意纵火，但是却不知道纵火人是谁。我们也知道图书馆的最后一任馆长是谁——女数学家和哲学家希帕荻亚，她的名声远播在外，整个古罗马帝国的学生都来到亚历山大里亚，只为听到她的课。

希帕荻亚出生于公元 370 年，其父是数学家。也许她曾试图改进欧几里得的《几何原本》和托勒密的《数学系统》中的数学规则。

她的任务并不容易，因为我们都知道，大多数希腊哲学家对研究哲学的女性持什么态度。除此以外，那时候亚历山大里亚的许多人都回归到基督教，对他们来说，哲学仅仅是希腊科学的一种符号。希帕荻亚是非常有能力的哲学家，也因此于公元 415 年被基督徒谋杀。这次谋杀带来的后果是，剩余的哲学家全都离开了亚历山大里亚市。

事件发生不久，古罗马帝国就崩塌了，欧洲开始进行无休止的战争。基督教堂变得越来越强大。在希腊，牧师告诫人们，要集中于遵守基督教的美德，而不应该把时间花在研究事物的起源上面。

研究人们在各个时代如何生活的历史学家，喜欢将人类历史划分为几个时代。古希腊哲学的辉煌时代被称为"古典时期"或者"古典时代"，古罗马帝国结束后的 8 个世纪被称为"中世纪"。人们常常说"黑暗的中世纪"，因为那时候的欧洲被笼罩在思想的黑暗下。

许多基督徒重新相信，地球是扁平的。医院被关闭，因为牧师宣讲，只要病人向上帝祷告就能痊愈。自由讨论被禁止，关于真相的新说法也开始广为流传：唯一真实的是和《圣经》一致的事情。只要发出不同的声音，就会被驱逐到世界的另一个地方。

第九章

代数和炼金术

我们都倾向于认为自己比其他人要强。有一部分原因在于我们所接受的教育。但是，研究猩猩的科学家证明，猩猩也有类似的感觉。猩猩一般过群体生活，和人类一样。通常他们相互有戒心，如果陌生的大猩猩靠近自己的群体，它们就会变得愤怒。最糟糕的时候，它们会杀害陌生的同类。猩猩和人类是近亲，能表达相同的恐惧感，这就能证明，害怕是人类和猩猩天生拥有的。

在探索真理的旅程中，我们不能忘记这一点：在谈到感觉的时候，研究者也和其他人一样。因此，研究者也会蔑视陌生的民族，并且不愿意相信其他民族也有自己的想法，也有能力研究自然现象。在欧洲，在丛林里过简单生活的民族都被称为"原始野人"。直到几十年前，这个看法才有所改变。

我们拿波利尼西亚人为例子，他们生活在太平洋的岛屿上。这片巨大的海洋覆盖了我们星球面积的一半，波利尼西亚人所居住的那些岛屿与之相比显得极为微小。在太平洋中，要从一个小岛去另一个小岛，好比一架宇宙飞船要从太阳系的一个星球飞到另一个星球，距离遥远，因此必须仔细操纵才能正确抵达目的地。

波利尼西亚人用稻草和贝壳编织成简单的地图，但是他们却十分了解关于太阳、月亮、洋流、鸟类、风向和云朵的情况。这些知识也许是付出了巨大代价获得的—— 一代代人的生命。人类发展过程中获得的大部分知识，都是用前人的生命换来的。只有一个人食用了一种植物并因此患病，我们才会知道该植物有毒。

这让我们想起古希腊人探索真理的过程。不过，这并不意味着，所有民族都拥有自己的哲学。各个民族之间存在着重要的差别。我们想一想泰勒斯和水。

泰勒斯对水很有兴趣，因为水很有用，或者因为他相信，神灵会因他的兴趣感到高兴。泰勒斯试图为自然界中的现象寻找简单的解释。

波利尼西亚人非常了解天空中恒星和行星的运动。但是我们不知道，他们是否曾经试图解释为什么它们是运动的，也不知道是否有人问过："究竟什么是行星和恒星?"波利尼西亚人中并没有可以和泰勒斯相媲美的人物。关于北欧的海盗和萨姆人，关于亚洲的蒙古人，关于非洲的马赛人和大多数其他民族，我们都知之甚少。

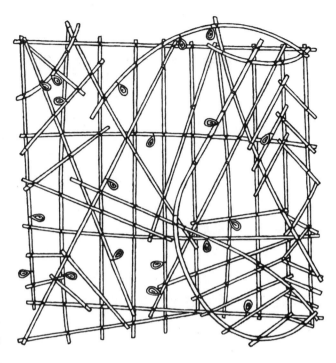

马歇尔岛上由稻草和贝壳或者珊瑚条编成的地图，表明不同的岛屿及其相互位置。岛屿之间的距离通常无法知晓，因为对于实际航行来说，方向远比距离更为重要。

有可能是因为我们对这些民族的历史并没有足够的了解。

现在全世界都在使用一项发明，我们每天用到的时候，完全不会去想发明的起源。这项发明就是数字。印度人在数千年前就开始使用数字。印度人和苏美尔人一样，在几千年前就开始建造大城市，众所周知，没有数字和数学是不可能完成建筑工作的。印度人对数字产生兴趣还有另一个原因，即印度宗教——印度教，是利用数字来操作的——使用非常大的数字。

如果一门宗教想告诉人们世界是什么时候开始存在的，常常说世界是在几千年以前创立的。《圣经》说，世界大约有 4000 多岁。但是印度教偏好更大的数字，他们宣称世界产生于数十亿年前。如此巨大的数字在人们的日常生活中是不会用到的——直到进入 20 世纪，我们才开始计算十亿以上的数值。因此，一开始人们根本没有机会书写这类数字。

$$1\ 2\ 3\ 4\ 5\ 6\ 7\ 8\ 9$$

$$1\ 2\ 3\ 4\ 5\ 6\ 7\ 8\ 9$$

这些阿拉伯数字和如今使用的数字符号已经非常接近。

希腊人解决了这个问题，他们将所有较大的数字都称为 Myriade，这个词现在已经很少使用，除非所提到的数额还不确切。但是，印度人并不满足于此，所以进行了一项重要发明：独立的数字符号。

希腊人用普通的字母来代表不同的数字。在某些情况下，现代人仍然使用的罗马数字也是由字母来表示的。罗马的字母 I 表示 1，V 表示 5，X 表示 10，L 表示 50，C 表示 100，M 表示 1000。可以想象，这种表示方式会带来什么问题。数字的表达和单词相似，如果同时出现，会给数学家带来相当大的困扰。另一个问题是，罗马的书写方式中，较小的数字都必须写得很长很复杂。比如说数字 337 用罗马数字写出来是：CCCXXXVII。

如果要为数字创建独立的符号，也造成一个问题，即如何来确定界限。因为数字是无限的。我们可以随意说出一个很大的数字，但总能说出比它更大的数字。因此，为每个数字创立一个独立的符号毫无可能。

印度人发现，如果我们将简单的 10 个符号不断重新相互组合，就能表示每个数字。但必须有一个前提条件，也就是字符的位置能表明数字的数位。在印度数字系统中，数字字符的顺序非常重要。

要解释这一点并不容易，我将试着用一个例子来说明。我们来看一下数字 3764，用印度数字系统来书写它，最右边的字符是个位数。3764 中 4 处于最右边，意味着，它代表的值是 $4×1$；个位数左边的位置是十位数，十位数上是 6，则意味着，它代表的值是 $6×10$；每当我们向左挪一个位置，该处的数字符号的值都会更大。因此，十位数左边的是百位数，字符必须乘以 100。既然百位上是 7，那么数值就是 $7×100$。3 处于千位数的位置，也就是说代表的值是 $3×1000$。全部值加起来是 $3000+700+60+4$。

在上面的例子中，如果交换 3 和 7 的位置，就得到数字 7364，几乎是原

I 1, **II** 2, **III** 3. **IV** 4, **V** 5, **VI** 6, **VII** 7, **VIII** 8, **IX** 9, **X** 10, **XI** 11, **XIV** 14, **XIX** 19, **XX** 20, **XXIV** 24, **XXX** 30, **XL** 40, **L** 50, **LX** 60, **LXX** 70, **LXXX** 80, **LXXXIX** 89, **XC** 90, **C** 100, **CC** 200, **D** 500, **M** 1000, **MDCCCLXXVIII** 1878

罗马数字。关于这些字符的来源可以这样想象：V 可能是手的形状，代表手指的数量；X 可以看作是两个 V 在顶尖处相连构成的；两个 V 表示两只手，即 10 根手指；L 代表 50，是 C = 100 的一半。

来数字的两倍。也就是说，数字所在的位置决定数字的大小。罗马数字系统不是这样的。数字 3764 在古罗马写为：MMMDCCLXIV，数字 7364 则写为MMMMMMMCCCLXIV。

由此可以看出，古罗马的数字是多么让人头疼。

可是，并非所有数字都有个位数值，我们该怎么办？也许没有人相信，数学家们为这个问题苦苦思考了几百年的时间。还是印度人找到了解决办法。他们发明了一个符号，代表个位数位置上的值不存在。这个符号就是 0。在数字 450 中，0 表示没有个位数值；而在数字 703 中，0 表示没有十位数值。

没有被称为零的这个符号，印度的数字系统就无法正常发挥自己的作用。我们不知道，这个天才般的想法是何时产生的。最早提到零的数学家是布拉马格普塔，他于公元 598 年出生于现在巴基斯坦所在的地方。

印度数字的巨大好处在于，可以极大地简化计算。如果要将两个大额数字相加，只需要将其中一个写到另一个的下方，计算各个数位的数字和。十位数和十位数相加，百位数和百位数相加。

在古希腊和古罗马，计算过程相当复杂。即使是简单的运算如乘法和除法，人们都必须利用计算尺（古时的一种计算工具）来进行。

阿拉伯人很快注意到，用印度数字计算比用希腊数字或者罗马数字更简便。印度数字对于科学的发展意义极其重大，第一位认识到这一点的阿拉伯科学家是来自伊朗的亚尔法里斯米。他在巴格达的"智慧大厦"工作，他曾在书中说明，如何借助数学知识来分配遗产。他还写了一本重要的数学书，名为《Al-Jabr》（意思是"各个分隔出的部分之间的联系"）。从此以后，数学领域内和数字打交道的部分（所有非几何的部分）就被称为Algebra，即代数。

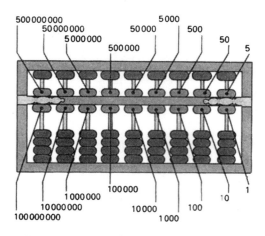

500 000 000
50 000 000
5 000 000
500 000
5 000
50 000
500
50
5

100 000 000
10 000 000
1 000 000
100 000
10 000
1 000
1 000
100
10
1

最简单的计算机器是木质的算盘，上面带有小珠，排列在算盘的木棍上，可以上下拨动，并且分别代表个位数、十位数、百位数等等。横杆上方的算珠分别代表该数位上 5 的倍数，而下方的算珠只代表单倍的数字。计算的时候，拨到紧靠横杆的算珠代表计算的数字。在中国，几千年前人们就开始使用算盘。算盘的历史十分久远，人们已经完全无法查证其产生的时间和地点。

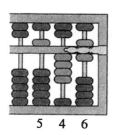

初始位置
要将两个数字相加，首先要将算珠拨成第一个数字。现在要计算 546 + 382。

5 4 6

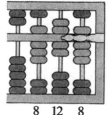

相加
在个位数上，向横杆拨 2 粒算珠。十位数上，加上 8，将横杆上方的 2 粒算珠拨到中间，并将横杆下方 2 粒算珠拨回原处。在百位数上，再拨上 3 粒算珠。

8 12 8

获得最后结果
十位数上所得的和超过了一个单位值，所以必须在百位数上再添加一粒算珠。现在获得的结果是两数之和 928。

9 2 8

商人也开始应用罗马数字，推动了这项知识在阿拉伯世界的传播。使用罗马数字后，商人能够更容易地进行心算。

在阿拉伯地区，能快速心算对一个商人来说十分重要。在我们购买商品的过程中，商品上如果有价签，许多国家的人还是习惯于和卖家还价。

印度的数字发明给我们带来一种数字的感觉。我们自然而然地就知道，哪个数字更大，1000 还是 228。数字的长度透露了一切情况。但是罗马人却不能快速地做出判断：数字 CCXXVIII（228）虽然比数字 M（1000）小，看起来却更大。

在 12 世纪，阿拉伯人开始和欧洲商人做生意。那时候的欧洲还使用着罗马数字。直到 16 世纪，印度数字体系才被完全引入欧洲。

其他各项发明的传播就没有这么简单了。在 13 世纪，阿拉伯人认识了一项来自中国的神奇发明——火药，一种黑色的、气味刺激的粉末。

在战场上，欧洲人也认识了这项发明。点燃火药之后，会发生严重的爆炸，可以将之用于武器方面。比如说，在封闭管道的一端压入火药，一旦火药点燃，管子将以巨大速度在空气中行进，这就成了子弹。

来自这类枪炮中的子弹，其威力要远远大于希腊人使用的投射器射出的子弹。

火药对于开发新的武器具有无可估量的意义，火药的发明家宣称，发明火药的目的是为了找到一种能延长人类寿命的药，这种历史上的偶然发现改变了很多人的命运。

我们不知道谁是火药的发明者，可能是中国的炼金术士。炼金术士的工作就是将各种物质混合在一起，将各类金属和含有不同成分的石块溶入水中，并且将植物和树木燃烧成粉末。几乎全世界都有炼金术士，但最杰出的那些曾生活在阿拉伯和中国。

炼金术士和古希腊人不同，他们并不是真正的自然研究者。他们虽然要了解自然界中各种物质之间的区别，但是并没有兴趣探究为什么各种物质之间有差别。大多数炼金术士的欲望在于获取财富。他们认为从其他金属中能提炼出金子。这个想法很可能来自苏美尔人，公元前3000年左右，苏美尔人混合了铜和锡制造出新的金属青铜。

谁发明了炼金的方法，就能成为世界上最富有的人，因此，许多炼金术士穷其一生都在研究各种材料的混合。他们从来没有意识到，通过熔合其他金属根本不可能炼制出金子。尽管如此，他们的工作也并不是徒劳无功的。

炼金术士创建了实验室，即专门用于研究的房间，并且还发明了许多用于实验室的器具。量瓶、熔炉和精确的秤都是炼金术士最先使用的。此外，他们还发现了一些重要的化学材料。在18世纪，阿拉伯的一位炼金术士发明了一种长生不老药，据说能同时对所有疾病发挥作用，是一种所谓的万用药。但是实验并没有成功，然而，他却发现了醋酸，也就是醋的基本成分。

醋酸是具有腐蚀性和特殊气味的一种物质，如今多用于工业中。炼金术士还发现了有用的物质氯化铵和酒精。前者常用于制造洗衣粉，后者如今的用途不如从前广泛。

中国炼金术士对长生不老药的兴趣远远超过了对金子的兴趣。但是，他们也未能意识到，仅仅混合各种物质是绝对无法获得成功的。他们的长生不老药常含有有毒的物质如水银和砷，因此，服用了"生命之药"的病人也就一命呜呼了，许多帝王都没有逃脱这种命运。

中国人发明火药也是在不经意中完成的。公元 9 世纪的某个时期，一个中国炼金术士偶然将木炭、硫黄和称为"硝"的物质混合到一起，并点燃。我们不知道，这位炼金术士是否在点燃后存活了下来。公元 850 年的一本书表明，不少炼金术士用这种混合物做实验的时候，手臂和胡子都受到伤害，许多炼金房也被烧为灰烬。

也许，就是这些炼金术士断定，火药点燃后能在密封的容器中爆炸。在中国，人们特别喜欢放鞭炮，火药被装入纸卷中，点燃后爆炸时会发生巨响。每当有事情要庆祝时，世界各国都很喜爱来自中国的这种"中国鞭炮"。第一批火炮也是在节日时为了助兴而发射的，但是，很快中国人就发现，火药也能用于武器制造。公元 994 年的一场杀戮中，火炮首次用于战场。随后，工厂开始大批量生产军用火炮。

在 11 世纪，火药制造的技术也广泛传播于中国之外的地区。商人将这项技术带到了阿拉伯帝国和欧洲。中国的皇帝意识到，火药落入敌人手中有多么危险。因此，1067 年，皇帝下令禁止私营商贩出售火药的主要成分。可是，行动已经太迟了。毕竟最重要的是火药的制作方法，而不是单独的成分。

探索真理过程中，最大的问题之一是：我们不能预言一项发明会带来什么后果。火药的发明者是中国人，并非偶然。中国人已经有数百项发明和发现能方便人们的生活。比如说，铁犁首先出现在中国，耕田时比传统的木犁更好用。如果将谷物成行成列地播种，收成会更好，这也是中国人首先发现的。并且，中国人首先发明了杀死害虫的毒药。

中国人挖掘石油，利用水力，制造人造材料，比世界其他地方使用纸币早了 1000 年。他们的许多发明今天仍在使用，比如说地图、纸牌、火柴、手推车、机械钟表、面条、雨伞、象棋、马镫、书、带手柄的鱼竿和方向盘。不过，其中的一样或者几样东西也同时在世界其他地方，由当地的人们自行发明出来。

虽然中国还不曾有如同雅典学园那样的机构，但是却有许多有能力的研究者。中国人比希腊人更早研究星空，他们还发现了太阳黑子。中国的数学家在才智上丝毫不比印度人或者阿拉伯人逊色，也发明了一种类似印度数字

15 世纪一位正在做实验的炼金术士。

的数字系统。

中国医生能治疗许多疾病，并且拥有各种不同的疫苗。中国医生张仲景生活在大约公元 200 年，他认识到，一些疾病是由饮食不当引起的，他找到了如何医治这类疾病的方法。而直到 18 世纪，欧洲的医生才获得了这项知识。

大量的发现和发明使得中国成为当时世界上最富饶、最强大的国家之一。

探求真理的过程好比一场接力赛。没有一个选手是从头到尾手持接力棒的，但是接力棒却一直在传递。大约 1300 年左右，世界发展的接力棒又被递到了欧洲人手中。

第十章

欧洲再度领先

对于自然界的好奇在欧洲重新苏醒的时候，这种好奇心首先出现于教会，它是承载所有知识和思想的地方。在中世纪要想接受教育，就必须成为牧师、修士或者修女。修士和修女居住在特殊的地方，称为"修道院"。他们在修道院中进行祷告，不允许结婚，必须遵守严格的制度。

实际上，生活并不总是这样苛刻。读过《罗宾汉》——关于中世纪一个英国英雄的故事——的人，也许还记得塔克，一个又胖又懒的修士，喜欢饮酒，爱吹牛。这个形象表明，进入修道院修习的人各种各样，并不仅仅只是虔诚的人。

比如说，好奇心强的人也进了修道院。1000 年前，欧洲还没有"智慧大厦"，也没有任何学院。而在修道院里，人们可以接受一定的教育，并且还可以去图书馆查阅资料。11 世纪，图书馆中多了亚里士多德、托勒密和其他古希腊哲学家的书籍。

阿拉伯保存了古希腊哲学家的作品，修道院中的许多书都是从阿拉伯文翻译过来的。翻译书籍从来就是一件艰巨的工程，有时候甚至带来生命危险。在中世纪，阿拉伯人和欧洲人不断交战。

阿拉伯语的书籍到达修道院后，并不翻译成英文或者意大利文，而是翻译成拉丁文——古罗马的古老语言。

拉丁文并没有随着古罗马帝国的衰落而一起衰落，因为教会一直在使用它。《圣经》很早就被翻译成拉丁文版本，弥撒也是用拉丁语进行的。人们使用一种自己基本无法理解的语言进行祷告！不过，应用拉丁文也有好处。由于所有的修士和修女都能看懂拉丁文，生活在美茵茨的修士和生活在罗马的修女一样能从书中获取知识。

一本书翻译完毕以后，还得等待很长时间，希望拥有这本书的人才能得到一本。因为那时候，所有的书都必须用手一字一句地抄写下来。抄写书籍本身也演化成一种职业。很明显，抄写本中极容易出现错误，书的抄写者都不能完全肯定两份抄本是否一模一样。

书籍可能带来危险。一些修士和修女阅读了古希腊哲学家的作品之后，通常会开始接受一种新的思考方式。他们以前只听说，真理只存在于《圣经》中。但是从亚里士多德的书里，他们又了解到只要认真研究自然界，人类能够自己发现真理。其中最有名的一位修士是英国人罗吉尔·培根，他是欧洲最伟大的亚里士多德专家，因其杰出的预言而闻名于世。

大约在 1250 年，罗吉尔·培根写道："人们可以制造不用马匹就能开动，由一股神奇的力量推动的车。人们也可以建造坐在机器中间就可以让机翼飞翔起来的飞行机器。"可以想到，当时的人们都以为培根疯了。

不过，让基督教会领导者害怕的是罗吉尔·培根关于研究的设想。因为他不仅是亚里士多德的追随者，还发现希腊人的研究深度不够！"仅仅研究自然界来获取知识远远不够，人类还必须通过实验来获得新的知识。"罗吉尔·培根写道。在实验中用一些东西和自然界发生反应，自然界受到影响，我们也能看到自己的设想是否符合事实。

比如说，在实验中，人们可以建立一个小型的自然界模型，尝试用模型获得关于整个自然界的知识。下面我将详细说明。如果有人坐在划艇中，就会发现伸入水中的划桨看起来中部有个弯折，似乎是在水面以下被折断了。如果想进一步探究其原因，整天坐在划艇上将耗费太多的时间和精力。我们可以用一个碗盛水，并且将一支铅笔伸入，随后就能看见铅笔也出现了同样的弯折。

碗和铅笔就是湖水和桨的模拟情景。用模型来研究更为轻松，并且获得的知识对所有自然现象都适用。罗吉尔·培根甚为重视这种新思想。他认为，研究者通过实验比通过观察可以获得更多知识。知识积累到一定程度，人们就能建造出能飞翔的机器。

我们很容易理解培根的大部分同事都对他的思想表达出深深的不信任，培根本人也没有完全遵循自己提出的方法。可能他只进行了少量实验。用碗和铅笔的实验应该是罗吉尔·培根本人尝试过的，因为他写了大量关于光线

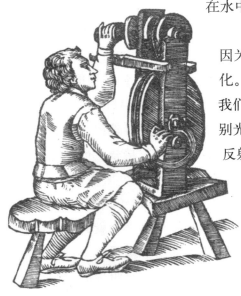

中世纪打磨机上的透镜磨光器。这幅图出自 1660 年出版的教科书《屈光度实践》。

在水中折射的内容。

他很清楚，木棍在水中看起来弯曲，是因为光线在从空气进入水中时方向发生了变化。这个过程被称为光线的折射。他还知道，我们之所以能看见，是因为人类的眼睛能识别光线。我们看到一支铅笔，因为它把光线反射到我们的眼睛。如果光线改变了自身的方向，就像水中的例子一样，那么铅笔的外形也就发生了改变。

培根发现，光线在通过玻璃时也会发生折射。他不是唯一发现这一现象的人，13 世纪已经有许多人知道，如果玻璃经过不同方式的打磨，光线可以发散到各个方向。如果圆形的玻璃片打磨后中间厚，边缘薄，通过该玻璃的光线会汇聚在玻璃片后面的一个点上。如果阳光穿过这片玻璃，光线聚集点将会十分灼热。因此，这个点被称为燃点。由于磨光的玻璃片和蔬菜扁豆 (Linsen) 的外形很相像，也被称为透镜 (Linsen)。

1280 年，意大利人萨尔维纳·德里·阿玛蒂发现，玻璃透镜除了能够会聚阳光之外，还有更大的用途。人们上了年纪以后，常常看不清楚身边的东西，出现这种情况的原因是眼睛老化，形状发生了改变。如果在眼睛前面放上一片透镜，视野就又会变得清晰。阿玛蒂在双眼前面都放上透镜，将其固定在一个边框上，并且将边框放置于鼻梁上，眼镜由此产生。

视野不清晰到现在仍旧是一个常见问题，人们常常要面对它。戴眼镜的人都知道，这项发明有多重要。最早的佩戴眼镜者的图片上是一个修士，这绝不是偶然。修士读书多，如果眼睛出现问题，他们就只能停止阅读了。但是，眼镜能帮助他们解决无法阅读的问题。

很快，所有买得起眼镜的人，都非常喜爱这项发明。眼镜的制造者——眼镜商——在欧洲开始经营自己的店铺。不过，眼镜商很快就意识到，不能给所有的远视者佩戴相同的透镜。一些人需要较厚的透镜，另一些人需要较薄的。另外，许多人的其他视力问题并不是眼镜商能解决的，他们不是看不清远处的东西，而是看不清近处的东西。

如果我是近视眼，又带上远视眼的眼镜，能看清楚的地方更少。整个欧洲的眼镜商都在想办法解决这个问题。直到 16 世纪，他们才制造出解决近视问题的凹透镜。这些凹透镜中间薄，边缘厚。

由于不断有新患者到眼镜商处寻求帮助，需要各种不同类型的眼镜，眼镜商不得不进行实验。这意味着，他们必须去做科学家毫无兴趣的事情。

不仅仅对眼镜商来说如此。大约 1300 年，欧洲形势大好，城市越来越大，人口数量也不断增加，人们砍伐森林来修建更多城市化的道路，并且应用各种新的发明。其中两项最重要的发明是水轮和风磨。数百年来，两种物品早已为人所知，但直到此时才证实它们的实际用途。许多地方十分缺乏劳动力。水轮能在锻造中连接到风箱上，可以处理多人或者很多牲畜的工作。一座风磨自行转动，磨坊只需要保证风磨处于正常状态，并不断添加粮食。

机器必须以最优功效完成人们的工作，因此人们不断对其加以改善。在这个时代，也产生了第一批机器和技术方面的专家——工程师。通常，由富有的商人为发明提供资金，因为如果采用了效率更高的机器，他们就能获得更高的利润。在比利时的弗兰德有许多巨大的车间，可以用机器将羊毛和尼龙做成毛巾。这些车间和现代工厂十分接近。英国和德国

阿拉伯人早在公元 7 世纪就知道风磨了，但是欧洲到公元 12 世纪才开始使用。早期的风磨是立柱磨坊，完全要由风力来推动。

的工程师们设计出了保持矿场通道干燥的泵。

很明显，古希腊社会和中世纪的欧洲没有共同点。虽然在中世纪还有一些人为其他人提供自己的劳动力，并且大部分教育仍旧禁止女性参与，但是应用关于自然的知识却更普遍。知识不光令人激动——利用知识还能赚取更多的金钱。意大利商人和阿拉伯人在北非做生意，了解到印度数字能加快计算的速度。这些商人开办银行，贷出款项。通过这种方式，在意大利北部城市，印度数字可称得上是大型银行和富有家庭的秘密武器。

这段时期，人们也渐渐认识到，要是年轻人将来想在社会上工作，那么修道院就不是最佳的学习场所。因而，12世纪时，在牛津和剑桥、波洛尼亚和巴黎等城市建立了综合性大学。

一开始，综合性大学是柏拉图学园的翻版。青年人如果有钱，可以在那里学习哲学、数学、炼金术、天文学和神学（关于基督教宗教的学说）。教授给学生讲课，专业人士在各个知识领域授课。教授这个词来自拉丁文，意思是"向观众讲述"。他们很少做研究，更多的时候他们共同讨论问题，通常是讨论最不可思议的问题。

例如，神学家们一直在苦苦思索各种问题：人的灵魂在其死后是直接升天，还是必须等待判决？女性究竟有没有灵魂？他们试图计算出，在针尖大的地方有多少个天使。教授间的讨论通常十分复杂，提出错综复杂的长论点。

这一点到今天都没有改变。我们看电视辩论的时候，很容易发现，参与者都使用了复杂的词汇来说明一些用简单词汇也能表达的意思。当我们想避开不友好的问题时，能借助复杂的论点来解决，但是也让人更难清楚地思考。思路清晰才是探索真理过程中不可或缺的。

14世纪开端，有个英国修士试图改变这种情况。他的名字叫威廉·冯·奥卡姆，在牛津大学学习神学。同时，他和教授的争辩十分激烈，以致在毕业前就离开了牛津大学。随后他将所有时间都用来从一个修道院辗转到另一个修道院，并撰写了引起极大轰动的书籍。

威廉·冯·奥卡姆当然是一名基督徒，他的许多文章都是关于上帝的。但是，他也对亚里士多德描述过的逻辑感兴趣。他透露了一个观点，人们必须应用自己的理智，依靠自己的感官来理解世界上发生的事情。他主要是想改变修道院和综合性大学中复杂讨论盛行的状况。因此，他提出一个规则，简化了参与讨论和理解他人发言的过程。

这个规则大致如下："如果想证明什么，必须将自己的论点限制在真正必要的那几个方面。"在科学中，论点通常是研究者看到的东西，可以是数学计算，也可以是一项实验结果，有不同的东西可以证明研究者有道理。然后，剔除所有多余的东西，让阅读其报告的人都能清晰理解，这非常重要。

关键是科学家想要表达什么，而不是他如何将自己的观点用特殊的方式表达出来。奥卡姆的规则在探索真理的过程中提供了很大帮助。学生在大学里学习这个规则，研究者不断应用这个规则。这个规则也被称为"奥卡姆剃刀"。剃刀十分锋利，威廉·冯·奥卡姆用这个规则精简了所有的讨论。毫无疑问，他并不受人欢迎！

威廉·冯·奥卡姆大约在 1347～1350 年之间在慕尼黑去世，享年 65 岁。他的死也不是偶然，因为此时的欧洲有数百万人染上了同一种疾病——"黑死病"。那时候，没有人知道疾病是如何产生的。人们只知道，如果病人身上出现黑色肿块，并且发高热，必死无疑。在这次瘟疫中，欧洲有 1/3 的人口没能逃脱，和地球其他地方的数百万人一样死于这场瘟疫。在瘟疫面前，富有或者贫穷毫无意义，当时的医生也只能眼看着自己的病人死去。即使牧师为病人进行祷告，也无济于事。

想一想，在几个星期的时间之内，周围有 1/3 的人死去了。我们住的地方、街道上、学校里、家中，每 3 个人中就有 1 个不见了，存活下来的人会是什么感受？在经历了这场灾难之后，人们头脑中在想些什么？以前人们没有调查问卷或者报纸，我们也不知道，普通的老百姓会做出什么反应。可是，也许从那时候起，很多人不再相信上帝了。

也有可能是因为这个原因，在瘟疫退去之后意大利开始发展起来。人们也许会想，这样严重的灾难完全摧毁了整个社会。无数农民和工人失去生命，儿童失去自己的父母，修道院和综合性大学失去许多最有能力的学者。然后，数十年过去了，在情形最终稳定之后，欧洲出现了惊人的变化。

第十一章

文艺复兴

一切都是从艺术开始的。几百年来，艺术家绘制各类图画。与真实的世界相比，图画显得扁平，缺乏生命力。在当时，日常生活并不是特别重要，大多数图画都以耶稣、圣母玛丽亚或者其他基督教的形象为主题，目的是通过图画来传播基督的讯息。

但是在 15 世纪初，意大利画家获得了巨大发现。他们学会了如何应用视角，这种技术能绘出逼真的图画。比如说，视角会考虑到远处的物品比近处的物品显得小，同一条道路，靠远处的一端比近处的一端看起来窄。借助视角，人们可以用新的方法来描绘人类、房屋和自然万物。

自此，艺术开始有了巨大发展。我们熟知的许多伟大作品都出自那个时代。

这幅图出自 1604 年莱顿（荷兰）印制的书中，作者是扬·弗里德曼·德·弗里斯。该图系统地展示了绘图中的透视。

富有的意大利人愿意购买艺术品，他们的生活已经达到了一种富裕程度，能够为艺术和书籍这类"无用的"东西付出时间和金钱。

他们和艺术家一起把古希腊当作梦想国度，把古希腊哲学家和艺术家当作自己的榜样，希望在意大利北部再出现一个希腊。我们将这段时期称为"文艺复兴"。

在探索真理的过程中，文艺复兴是一个非常重要的时代。首先，教会的地位渐渐下降。虽然欧洲还在不断建立教堂，但是人们更推崇非基督教的古希腊流传下来的知识。虽然教会不断试图禁止科学家和哲学家自由思考，但再也无法像在中世纪那样大权在握了。

利用视角技术能制做出逼真的图画，对研究者来说非常重要。首先意识到这一点的是里奥纳多·达·芬奇。人人都知道他的名画《蒙娜丽莎》，画中有一位女子面带着谜一般的微笑。

达·芬奇于1452年生于意大利北部城市佛罗伦萨的芬奇小镇。达·芬奇的父亲很有钱，能将他送去上学，学习读书、写字和计算。可是，达·芬奇很早就表现出了绘画方面的天赋，因此，家人又送他去一个著名的艺术家那里当学徒。那时候没有艺术学校，年轻的学习者必须跟随一位经验丰富的艺术家很长一段时间，然后才能出师。

在老师那里，达·芬奇学会了绘图和雕塑所需的知识。大多数艺术家并不满足于此，一旦学会了所需的知识和技术，他们便立刻开始创作自己的艺术作品。

但是达·芬奇并不满足于画人像图。在文艺复兴之前，没有人进行过人体创作。到现在为止，画上的人物都穿着及地的长袍或者外罩，艺术家都知道如何描绘遮盖身体的衣物。但达·芬奇却希望知道人体看上去是什么样子，外部和内部构造如何，以便于能够更好地描绘人体。

因此，他开始解剖尸体。和在古希腊时代一样，解剖是被禁止的。不过，达·芬奇并不管这项禁令，他一共解剖了30具尸体，将其分解成各种细节，并开始绘图。此时，视角技术的重要性就体现出来，它能制做出精确的绘画，能为观众提供对人体内部的正确印象。达·芬奇想描绘一张准确的人体"图"，医生和艺术家都能用得上。

里奥纳多·达·芬奇还认为，关于自然中其他事物的知识对艺术家来说也十分重要。因此，他研究植物和动物，研究已僵化的动物骨头，也就是如今我们所说的化石。他关注的重点是鸟类。他长年累月观察鸟类飞行，并解剖鸟类，研究各块骨头在鸟类身体中是如何运动的。通过这种方式，他确定，鸟类在飞行中，起飞和下降时骨头的运动都不一样。

达·芬奇并不纯粹是出于好奇才做这些事情的。他最大的梦想是制造一架飞行器，也为后人留下了数百幅绘图详细的飞行器图片。

但是，他没制造出真正能够飞行的飞行器。根据传说，有个人试着用他设计的飞行器飞行，可这只是一个传说而已。因为达·芬奇写过，人类的肌肉力量不足以推动飞行器。有一段时间，他想到用弧弦作为传送带，不过后来放弃了。他还对其他类型的飞行器进行了尝试，类似于今天的直升机和降落伞，但也从未制造出来。

达·芬奇并没有因为失败而放弃，正好相反，他画了上千份机器的图画，都是当时使用的机器和他自己的发明。意大利北部的许多领主都雇用达·芬奇，既把他当作艺术家，也把他当成发明家和工程师。他设计减轻生活负担的机器，比如，打磨光学透镜的一种机器。达·芬奇生活的时代战火连连，因此，他也画了许多军用机器，比如装甲车和潜水艇。

达·芬奇的发明只有少数被实现。但是如果我们好好考虑一下，就会发现，在他的一生中没有能够建造出飞机并不是最关键的问题，更重要的一点在于达·芬奇的思考方式。罗吉尔·培根曾预言，有一天人类能够飞上天。达·芬奇也有这样的想法，和罗吉尔·培根不同的是，他对这个梦想实现作了准备工作。他进行一项新发明之前，

达·芬奇设计了不同的飞行器，都是扑翼飞机的形状。他设计了缓冲器来实现软着陆。经过计算，380千克的推动力就能让人离开地面，所以达·芬奇尝试制造不超过这个重量的轻便飞机。除此以外，他还不断观察鸟类，看飞行时翅膀需要保持成什么姿势来利用推动力。

必须完成充分的研究准备工作。

达·芬奇也意识到，关于人体的知识是多么重要。他给未来的研究者授课，主要是如何精确地描绘自己看到的东西。直到摄影产生之前，许多研究者都只能依赖这些图画来工作。

达·芬奇试图编纂能和古希腊作品一样重要的教科书。除了《人体地图》之外，他还要写一本关于机器制造的书，内容包括机械部件如螺丝、齿轮、传送带和活塞。另一本书的内容涉及房屋的建造，也即建筑。

然而，他想要写的书都没有最终写完。也许他为自己设立了太多目标。如今，我们只能努力设想当时的情景，把他当作一位集艺术家和科学家于一身的人。那时候的人对此习以为常。最受尊敬的人就是所谓的全能天才，也就是什么都懂的人。

其中有一个人为达·芬奇赞助了金钱，他名叫罗伦佐·麦迪奇，出生于极其富有的麦迪奇家族，拥有意大利北部的大部分地区。罗伦佐建立了自己的学院，艺术家和哲学家聚集到一起，共同讨论各种问题。他本人则是一位优秀的政治家、哲学家和诗人。罗伦佐也是一位全能天才，被人称为"了不起的人物"。

可以想象，保持这样的名声有多困难。各个领域的知识已经十分丰富，因此，没有人可以成为各个专业的专家。知识每一天都在增加。那时，人们还开始进行探险旅程。达·芬奇年轻的时候听说，克里斯托弗·哥伦布在遥远的西方发现了新大陆，其他探险家航行到非洲或者印度，或者尝试环绕地球航行。他们所有人都以自己的经历带来了更多的新知识。

我们很容易理解，做一个全科天才是不可能的。如果想在某一个专业特别出色，则必须在这个专业上花费大量的时间。但并不意味着，我们就应该完全放弃理想。我们到学校并不仅仅是为了学习生存所需要的东西(比如读书、写字和计算)。在学校里，我们对各个领域都有所了解，自然，我们的社会也需要更多的人掌握尽量全面的基础知识。

虽然里奥纳多·达·芬奇、罗伦佐·麦迪奇和文艺复兴时期的其他"全能天才"都没有关于自然科学的重要发明，但却向世人表明，尊重知识是多么重要，否则，探索真理的旅程便毫无意义。

第十二章

日心说

俗话说，多一滴水就可能让水桶倾覆。一个人、一件事或者一本书都可能改变世界历史。尼克劳斯·哥白尼就写过这样一本书——《天体运行论》，出版于 1543 年。书的名字也正表达了书的内容：太阳系中太阳、月亮和行星是如何运动的。

到这一时期，撰写和阅读关于天文学的书并不是什么新鲜事。哥白尼的书之所以特别，是因为书中宣称，亚里士多德和托勒密的观点是错误的。他认为，处于宇宙中心的不是地球，而是太阳。地球和水星、金星、火星、木星、土星，都围绕着太阳旋转。虽然古希腊人不信基督教（亚里士多德生活在大约公元前 250 年），但是教会认为，古希腊人的观点是支持基督教的。因此对这些哲学家提出异议，也就是向基督教提出了异议。

一开始，只有很少一部分人阅读哥白尼的书。教会刚刚分为天主教和新教两个教派，基督教徒认为宗教派系之争比一本关于恒星、行星的书更能吸引注意力。除此以外，哥白尼还是一位相当有名的数学家，教皇曾亲自向他请教过问题，因此人们根本无法想象，他的书里包含有危险的思想。

尼克劳斯·哥白尼学习了神学，并在自己的家乡弗劳恩博格（现波兰境内）的教会工作。他如何能够在自己的书中宣称一些和教会学说不同的观点呢？简

哥白尼像

单地说，是关于真理的问题。哥白尼认为地球并不是处于太阳系的中心。对他来说，真理比和教会保持良好关系更重要。

1497年，24岁的哥白尼被送往波洛尼亚的综合性大学学习数学、医学和神学。他的叔叔是主教，希望侄子将来成为牧师和医生，拥有可观的收入。在青年时期，哥白尼就对星空充满兴趣，因此，他也学习了天文学。

波洛尼亚位于意大利北部，在文艺复兴之前数百年就建成了。在波洛尼亚，人们十分重视大学学习，城市里所有花费的一半都是用于建设综合性大学。因此，波洛尼亚的综合性大学是欧洲最好的大学，吸引着欧洲各国的学生。

哥白尼就读期间，正好是一个令人激动的时期。他刚刚到达波洛尼亚的时候，人们已经第二次去过美洲。整个欧洲都在谈论"西印度"，也就是哥伦布声称自己发现的国家。探险者的经历说明了教会和古希腊人并不懂得所有的东西。只要保持冷静，就能不断探索出新的东西。在文艺复兴时期，人们也能更轻松地讨论非基督教的观点和想法。虽然不能什么都说，但是学生和教授又能像从前一样提出自己的疑问了。

后来，哥白尼说，大学里有很多关于托勒密宇宙论的不同观点。因此，他开始怀疑，托勒密的观点究竟是不是正确的。作为神学家，他懂希腊语，所以阅读了古代哲学家的书。也许他在亚里士多德的书里才第一次知道阿里斯塔克斯——他也认为太阳位于太阳系的中心。

哥白尼知道，这个想法十分危险，所以非常小心地着手写自己的书。他计算出，如果太阳真的位于太阳系的中心，行星将

表现哥白尼《天体运行论》理论的图绘

51

托勒密的系统
地球位于中心。月亮、水星、金星、太阳、火星、木星、土星围绕地球转动，星相的位置顺序如图。

柏拉图的系统
此处，地球也位于中心。太阳在第二道，围绕地球转动，月亮则在第一道围绕地球转动。

会如何运动，还发现了两种说法之间的重要区别。托勒密无法解释为什么行星在天空中会停滞一段时间，持续数月朝相反的方向移动。因此，他设想，行星围绕小星球转动，而小星球又固定围绕在较大星球的周围。要解释行星的运动，一共需要 8 个星球。

哥白尼断定，如果太阳位于太阳系的中心，行星围绕太阳转，那么就更容易解释行星的反方向运动。哥白尼大概算出了每个星球围绕太阳转一圈的时间。比如说，火星大约需要地球上的两年，地球只需要一年，地球围绕太阳转的速度比火星快。

此时，哥白尼提出一个问题：如果火星的运动速度比地球慢，那么从地球上观察火星看起来是什么样呢？有时候，火星似乎在向反方向运动，而且是在地球和火星相互靠近的时候，然后，地球和火星"擦肩而过"，火星开始朝反方向运动。实际上，火星并没有反向运动，这只是一种假象，因为，地球比它运动得快。在高速公路上很容易观察到这一点，例如，当我们乘坐的汽车超过了另一辆汽车，行驶较慢的汽车看起来就像是在向后行驶，而实际上，两辆汽车的方向相同，只是速度不同而已。

我知道，这听起来有点复杂，可是绝对比托勒密的解释稍微简单一点。哥白尼的解释更为简单，是关键之处。这样就更容易计算行星的运动。"奥卡姆剃刀"告诉我们，确切有力的解释只需要较少的论点。如果一个研究者必须在两种解释中选择一种，当然会选择更为简单的那种。

托勒密其实不怎么在意行星到底有多少个，他和大多数天文学家都只关注自己的计算是否正确。哥白尼则相信，太阳系的情形和自己的理论描述得一样，他的解释才是符合自然界真实情况的。

因此，他十分肯定地认为，宇宙比以往任何时候设想得都要大。关于太阳系的旧说法认为宇宙比较小，太阳、月亮和行星离我们的头顶很近，最外面则是固定的恒星。它们围绕地球旋转只需要 24 个小时，离地球不远。许多人认为，人死之后会升天，而天堂就位于这些星球背后。

但是，当说地球围绕距离很远的太阳转动时，宇宙一定是巨大的。很多人不愿意接受这个看法。在一定程度上，它使人类"有失尊严"。人类不再是"宇宙中心的地球上"最重要的生物，而是一个普通行星上的居民，而且还围绕着遥远的太阳转动。哥白尼不但宣布了一个新的天文学理论，还带来了新的世界观。

世界观是人们对于宇宙以及人们在宇宙中所处地位的看法。托勒密的理论常被称为"以地球为中心的世界观"，意思是，地球位于宇宙中心。哥白尼的理论则相反，是"以太阳为中心的世界观"，因为他认为太阳位于世界的中心。

现在，我们知道，哥白尼说得对，但是他的说法在当时无法得到证明，人们有足够的理由对他的说法提出质疑。哥白尼也没有完全和古希腊的理论脱

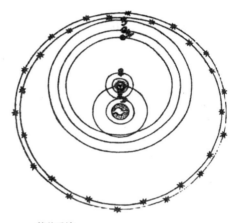

第谷系统
第谷·布拉赫也认为地球位于宇宙中心，月亮和太阳围绕地球转动。但其他行星却以太阳为中心。

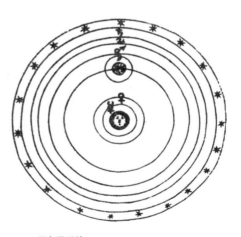

哥白尼系统
太阳位于宇宙中心，所有行星都围绕太阳转动，也包括地球。只有月亮围绕地球转动。

离，他坚信，所有星球都围绕太阳转动。行星遵循固定的圆形轨道运动，因为天空中的东西远离地球，并且显得十分完美。从古希腊哲学家的书中，哥白尼了解到，圆圈是一个几何图形。因此，天空中的一切一定以圆形轨道运动。

听起来不可思议，但是别忘了，哥白尼从来没有读过其他的内容。问题是，他对于天空中行星运动的计算和自己能够看到的根本不符合。为了获得正确的计算结果，他必须想到，行星在各自的圆形轨道上呈圆形运动。和托勒密的系统相比，这并不复杂，但是很多人不了解两种系统之间的区别。

以太阳为中心的世界观也不能解释为什么人们不会从地球上掉下来。如果地球是球体并且围绕自己的轴线转动，同时又疾速围绕太阳转动，那是什么力量把人固定在地球上呢？许多人读过哥白尼的书后，都提出这样的疑问。哥白尼在书出版的当年去世，因此无法给出回答。

让《天体运行论》这本书成为历史上最重要书籍之一的，是因为这本书头一次提出了和旧世界观不同的说法，表明并不是只有一种真相。科学家和哲学家必须改变他们的思考方式。他们必须找到一个办法来确定，到底哪一种世界观是正确的。

丹麦天文学家第谷·布拉赫就是帮助科学家做出决定的人之一。第谷·布拉赫在哥白尼去世后的第 3 年出生。他的叔叔也十分富有，资助他进了学校，希望他成为一名律师。1559 年，布拉赫开始在哥本哈根综合性大学学习。

但是 1560 年 8 月 21 日的经历，改变了他的命运。在哥本哈根上空可以观察到一次日食。日食每次都能引起人们的极大兴趣，不过，第谷·布拉赫发现更令人兴奋的是，天文学家能预言日食。

他决定多学习一些天文学知识，并且购买了一本托勒密的科技著作。布拉赫不光学习了如何预测日食，也开始仔细观察星空。

1563 年，他看到木星和土星相互靠近，也就是天文学家所说的行星汇合，是当时天文学家能够预见到的事件。他们借助数学规则来计算行星汇和的时间。第谷·布拉赫在比较自己观察天空的结果和天文学家的计算结果时断定，计算和观察并不符合。布拉赫相信自己的感觉，认为天文学家的计算是错误的，因为《至大论》和其他书中的星相表是错误的。他决定改正这些错误。

他只有在观察了所有恒星和行星之后，才能进行修正。这是一项艰巨的任务，花费了第谷·布拉赫好几年的时间。他测量天空中的恒星位置，并精确测量行星和恒星之间的位置关系。但是他只有简单的工具。通常情况下，他用长尺或者半圆的角尺来测量恒星。由于布拉赫的视力敏锐，手能保持稳定，因此他的计算比《至大论》中的更为精确。

1572年11月的一个夜晚，第谷·布拉赫在天空中发现了一颗新星。夜间，这颗星出现在仙后座中，随后，它比所有其他恒星更加明亮。这让天文学家十分头疼。和亚里士多德一样，他们相信，天空是完美无瑕的，永远不会发生改变。一些人安

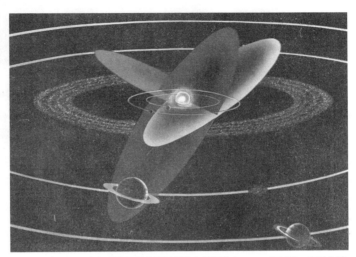

奇异的小行星图。小行星是围绕太阳运行的自然天体之一，一直以来，它很少被人发现。第谷在进行天文观测时发现了许多以前没有发现的小行星。

慰自己，多出来的不是一颗星，而是天空中漂移的未知物体。第谷·布拉赫则不同，他观察了这颗星星几星期，确定它和其他恒星毫无区别。它发光，不移动，并且比月亮离地球的距离更远。这只能意味着一点，天空并不是一成不变的，和自然界中的所有事物一样都会发生变化。

布拉赫1573年在自己的书《关于这颗新星》中写入了这些观察，因而成为一个著名的研究者。丹麦国王弗里德里赫二世提供资金，让他在丹麦和瑞典之间的岛屿汶（Ven）上修建一个宏伟的天文馆，并配备了当时最精密的天文仪器。

如今我们知道，彗星是巨大的球状物，围绕太阳转动，和行星一样。可那时候的天文学家把它当作宇宙中的驱动气体。第谷·布拉赫试图测量地球到这颗彗星的距离，并断定它和地球之间的距离也比月亮离地球远。除此以外，

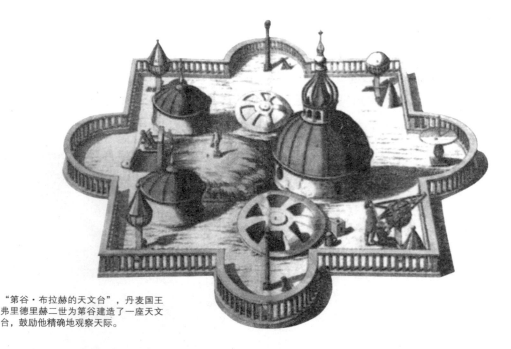

"第谷·布拉赫的天文台"，丹麦国王弗里德里赫二世为第谷建造了一座天文台，鼓励他精确地观察天际。

他还相信，彗星和行星的运动方式一样。

托勒密的太阳系十分小，根本没有和行星一样运动的彗星的位置。哥白尼的太阳系中，行星之间还有足够的空间。布拉赫的发现十分重要，有助于人们在两种解释中做出选择。

第谷·布拉赫本人则不太在意这两种解释，他只专注于描述自己的太阳系。在第谷的系统中，地球位于宇宙中心，太阳围绕地球转动，而其他星球围绕太阳转动。第谷·布拉赫试图在早期解释的基础上找到一种新的解释。这个主意并不坏，因为辩论中的双方都有一定的可取之处。第谷的系统比哥白尼的系统更复杂，因此，只有少数天文学家认同他的观点。

不过，第谷·布拉赫仍旧是终止这场争论的人，虽然他自己并不知道。在他和丹麦国王发生争执之后，前往布拉格，并死于1601年。他在布拉格逗留了两年，其间开始和德国人约翰内斯·开普勒合作。第谷死后数年，他关于恒星和行星的观察获得了回报，因为开普勒重新回到了他的观点上。

第十三章

我们之外的宇宙

本书中只提到了少数几个参与探索世界过程的人，因为并没有足够的篇幅，而且名字太多只会给读者造成困扰。下面我们来介绍一下望远镜的发明者。

据说，这个发明源于一次偶然。某眼镜制造商的一个学徒汉斯·利伯希在阿姆斯特丹完成了这项发明。眼镜制造商那里有各种各样的眼镜，大的、小的、厚的、薄的。1608 年的一天，学徒也许正在把玩两个透镜，偶然将一个透镜放到另一个透镜前面一段距离，同时透过两个透镜去看。他发现，原本在远处的东西现在显得更近了。他将两个透镜对准远处的教堂高塔，高塔立刻显得近了很多。

简直就像魔术，但是其解释却非常简单。所有的中间厚边缘薄的透镜（称为凸透镜）都能将我们透过它看到的景物放大。如果我们将这样一块透镜放在眼前，并慢慢移动它，就会发现，透镜的功能不仅仅局限于此。它能展现我们面前的事物，照相机中的透镜就是用这种方式工作的，而且展现的图像被记录在底片上。

如果我们在眼睛和第一块透镜之间再加上一块凸透镜，第二个凸透镜能将图像放大，前面的透镜能重现遥远距离的景象，而眼前的透镜又将这个景象放大，因此，远处的东西看起来似乎近了一些。

这项发明的名称是望远镜，原意是"远眺"。不过，用两只手拿两个透镜，实在不太方便，因此透镜被放入木质的或者金属的圆筒中。汉斯·利伯希宣称自己是发明者，想将望远镜申请专利。谁拥有对一项发明的专利，就能使用这项发明。可是利伯希申请的专利并没有获得批准，随后在欧洲各地都开始有望远镜出售，成为新颖独特的玩具。

意大利有一个人知道望远镜不只是一个玩具，他就是伽利略·伽利雷。听说望远镜发明的时候，他已经是一位著名的研究者了。伽利略于 1564 年出生于比萨，城市里矗立着举世闻名的斜塔。比萨位于意大利北部，和邻城波洛尼亚和佛罗伦萨一样，是一座富饶的城市，城中也有一座著名的综合性大学。

伽利略的父亲是有名的音乐家，是自由思想的追随者，也依照这个原则培养自己的儿子。伽利略原本是要做商人的，但他更喜欢进入大学学习，所以父亲将他送进了综合性大学。

如果伽利略在第一学年没有奇特的经历，也许他会成为一个医生。自然界中充满了奥秘，伽利略在比萨教堂的天顶下就发现了其中的一个。1581年的一天，他去那里参加弥撒，注意到有吊灯来回晃动。伽利略观察了一会儿吊灯，发现它来回晃动的时间总是一样的，无论晃动的幅度是大还是小。

我们当中的大多数人也许都不会觉得这有什么特别的。可是伽利略则十分好奇，提出了心中的疑问：为什么吊灯会出现这种情形？难道距离较长的钟摆运动不是比距离较短的花费的时间更短吗？在家里，他将一个金属球固定到一根细线上，然后让它像吊灯一样来回摆动。他在教堂中观察到的情景，又出现在眼前：球每次来回摆动都用掉相同的时间。

钟摆运动勾起了伽利略的好奇心。他开始学习几何，阅读阿基米德和亚里士多德的书。这样一来，他掌握了前人关于物理的全部知识。同时，伽利略认定，物理学和天文学遇到了同样的情况：人们盲目相信亚里士多德写的东西，即使它和我们亲眼见到的并不相符。

比如说，亚里士多德认为，较重的物品落到地面所需的时间比较轻的物品更短。我们拿两个球，一个轻，一个重，并同时放手让它们下落，如果亚里士多德说得对，重球应该比轻球更早落到地面，但是我们看到，两个球是同时落地的，因此，亚里士多德的说法不正确。伽利略是头一个意识到这一点的人。可是，我们从哥白尼的身上已经看到，仅仅说亚里士多德的说法不正确，不会带来什么好处。如果伽利略真的希望其他人认同他的观点，就必须十分确定，客观事实就是他所宣布的这样。

因此，伽利略遵从了罗吉尔·培根的建议：进行实验。他让石块和金属球同时落下，并观察其下落过程。他让球体在斜放的木板上滚动，并努力测量球体到达地面所需的时间。每个实验他都重复很多次。

伽利略不能确定球体总是有相同的运动，也许气体偶尔也会运动得更慢一些呢？但实际情况并不是这样。不管伽利略重复多少次实验，各种不同重量的球体每次都是同时到达地面。

伽利略相信，这个现象的存在可能有一定的规律，就和社会中人类行为的规律和规则一样，在自然界中也由自然规律来决定发生什么事情。这些规律现在被称为自然法则。伽利略确定，能够计算出球体的运动。他意识到，决定球体运动的自然法则可以写成数学公式。因此他说："如果说自然是一本厚书，撰写这本书的语言就是数学。"

伽利略肖像画。他在宗教法庭酷刑的威逼下，被迫当众宣布放弃其所谓的异端观点。

伽利略做实验时，时间是最大的问题。我们放手让石块下落，它将在半秒之内落到地上。那时候还没有能测量秒数的钟表，钟表甚至连分针都没有。因而，伽利略利用心脏的跳动来测量时间。心脏每分钟大约跳动 72 下，伽利略把手指放到手腕或者脖子上，数心跳次数。但当我们激动的时候，心脏跳动得更快，因此伽利略的"时钟"也受到他情绪的影响。

伽利略·伽利雷还在一定的时间间隔内发出声音来测量时间，或者通过看实验期间流入容器的水量来测量时间。但是他知道，他需要更精确的测量方法。伽利雷想到了教堂里的吊灯和线上的球体，二者都能来回摆动。由于来回所需的时间总是相同，也许可以当作计时器使用。这种设想被证明是正确的。摆钟就是借助钟摆来计算时间的，1658 年由荷兰人克里斯蒂安·惠更斯发明。这多亏了伽利略的发现。

伽利略写下自己进行的实验，他的文章让他成为一名带有很不寻常观点的科学家。因此，当伽利略解释说，哥白尼在关于太阳系的问题上可能有道理时，许多读者并没有感到特别惊讶。

伽利略仔细研究了星空，对哥白尼书中的内容深信不疑。

伽利略 1609 年听说望远镜的时候，立刻知道，这个东西能带来什么样的机会。如果把望远镜对准天空，就可以成为进行科学研究的仪器。他购买了一个望远镜，并研究其构造。望远镜的透镜很糟糕，只能放大 3 倍。这意味着，人们通过望远镜观察的所有东西都比用肉眼看到的大 3 倍。

可是伽利略是个聪明人。很快他就学会了打磨透镜，并且比眼镜制造商打磨得更好。不久，他就拥有了一部当时世界上最好的望远镜，可以放大 10 倍。这样，他研究天空就更容易，就像用球体和钟摆做实验一样。

伽利略在星空下渡过的头几个夜晚可以算得上是独特之至。不管他把望远镜对准哪个方向，总能发现一些新的东西。伽利略首先断定，天空中的星星数量比我们肉眼能看到的多得多。他还发现，穿越夜空的银河，实际上是由数百万颗不那么明亮的星星组成。

伽利略把望远镜对准月亮的时候，看到了大量圆形的凹陷和高山。而太阳则在表面上有许多黑点。伽利略立刻明白，这意味着什么。这意味着亚里士多德的观点再次和实际情况不符。亚里士多德曾说，月亮和太阳都是标准的光滑球体。望远镜却告诉我们，这个说法不正确。

除此以外，伽利略在木星附近看到 4 颗小星星。他在追踪这些小星星长达数周后，知道它们其实是围绕木星转动的，就像月亮绕着地球转动一样。

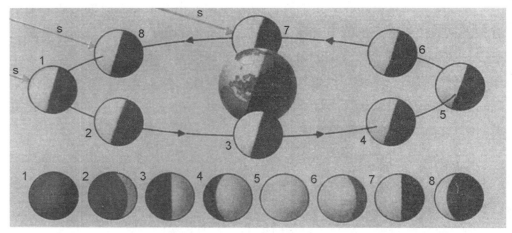

月亮在不同时期的图：之所以会产生不同的月相，是因为月亮本身不发光。日光从左至右照射到月亮上，并且由月亮反射出来。在位置 1 处月亮黑暗的、未受到照射的一面对着地球（新月）。在位置 1 和 5 之间，地球上可以看到的月亮面积不断增大，也即月亮被照射的地方增加。在位置 5 是满月，位置 6 到 8 则是下弦月。位置 3 和 7 为半月。

月亮能围绕地球转动，这个事实证明小行星能够围绕着大行星旋转。那么，体积较小的地球能够围绕体积庞大的太阳旋转，再也不是不能想象的。

伽利略将望远镜对准金星，观察到金星偶尔会出现类似半月或者镰刀的形状。这个现象很容易让人联想到月亮在各个时期的变化。月亮之所以看起来发光，是因为它像镜子一样反射太阳的光芒。而月亮又是圆的，所以太阳只能照射到月亮的一半。如果月亮围绕地球转，我们就从不同的角度看到被太阳照射的那一半月亮。因此，我们才会看到从满月到新月的不同月相。

如果把落地灯的灯罩拿掉，在离灯两米远的地方用手拿一个橘子，可以观察到类似的情景。落地灯好比是太阳，橘子好比是月亮，我们的头部就是地球。如果我们把橘子放在离自己一臂远的地方，然后慢慢旋转自身，就能看到，落地灯只能照到橘子的一半。在我们转身的过程中，落地灯的光线总是落到橘子上的不同地方。如果橘子处于我们和灯之间，看起来就是黑暗的。如果我们的头部位于橘子和灯之间，那么整个橘子都被照亮（除了头部落在橘子上的阴影之外）。如果我们只转身到一半，那么半个橘子被照亮。这个实验告诉我们，新月、满月和半月是如何形成的。

伽利略假设，金星也有同样的变化过程，只是它围绕着太阳旋转。如果金星看起来像镰刀，是因为我们从后面斜看过去，而太阳则位于它的另一面。只有在地球和金星都围绕太阳旋转的时候，才可能出现这种情况。金星的星相也证明了哥白尼是对的。

伽利略喜欢讲述自己的发现，是一位有天赋的作家。1610年，他在自己的书《关于恒星的消息》中描述他的最新发现。这本书让他闻名整个欧洲，启发了许多天文学家自己动手制作望远镜来观察天空。这样一来，他们就能亲眼看到，伽利略是正确的。

可是天主教堂并不看好这些新思想。1611年，伽利略前往罗马，为教皇和其他权势人物展示自己如何发现新现象的。他请求他们通过望远镜亲自看一看星空。但许多人拒绝了，他们认为这种新工具只是一种骗局。教会的人把伽利略当作异教徒，当作基督教的敌人。

伽利略开始害怕了。他试图让教皇相信自己还是一个虔诚的基督教徒。

由于《圣经》中关于自然的介绍甚少，所以伽利略才认为科学家可以进行探索，和《圣经》并无冲突，可是教皇并没有被说服。1616年，教皇下令禁毁哥白尼的书，并且将所有支持哥白尼的人定罪为异教徒。

不过，教皇并没有什么兴趣把一位著名的研究者送上法庭。他免除了伽利略的刑罚，条件是伽利略不得公开自己的观点。并且在保证文字严格中立的情况下，伽利略还能写一本关于地心说和日心说的书。

伽利略花费了几年时间来完成的这本书，书名为《托勒密世界观和哥白尼世界观之间的对话》。"对话"的意思是"两个人说话"，整部书以虚构人物对话的形式写成。在古希腊时期，哲学家就曾写过类似的对话体的书，这种形式使得内容更有吸引力，因此现在仍有许多作家以对话的形式写书。

该书于1632年出版的时候，被赞为整个欧洲的经典之作。只有天主教会不同意。教皇极其愤怒，因为伽利略通过书中一个哥白尼追随者之口将所有正面论点都公之于世。另外，伽利略的这本书是用意大利语，而不是拉丁语写的，因此，意大利所有识字的人都能了解书中的哥白尼世界观。

此时，宗教裁判所参与进来。宗教裁判所是教会法庭，牧师担任法官。该机构成立于13世纪，目的是审判那些有异端嫌疑的人。如果被审判为异端邪说，将会受到严厉的惩罚，直到审判者听到自己想要的内容为止。在承认自己是异教徒之后，那些人往往会被活活烧死。在过去的数百年中，上千人由于其观点和宗教裁判所相异，受尽折磨之后被处以火刑。

其中最著名的一个牺牲者是乔尔丹诺·布鲁诺，1600年他在罗马被烧死。布鲁诺的罪行是宣称宇宙无限大，并且地球只是许多行星中的一个，行星围绕着恒星旋转。对他处以死刑实际上是对所有持相似观点的人提出警告。宗教裁判所并不是闹着玩的，另一个哲学家认同布鲁诺的观点，也同样被烧死。在法国，法律规定，任何人只要宣称太阳位于行星系统的中心，就被处以死刑。

1633年，伽利略在罗马被宗教裁判所起诉为宣扬异端邪说。伽利略在辩护中指出，教皇允许他写一本关于两种世界观的书。可是，一旦宗教裁判所决定判决一个人，被起诉者就根本没有机会了。教会利用伪造的文件作为伽利略说谎的证明，并且用酷刑逼迫他承认。由于伽利略当时已经年老体弱，所用的刑罚不太严重：他必须公开承认自己的"错误"，并且余生都处于被软禁状态。

在伽利略说明地球静止地位于宇宙中心后，小声嘀咕着："地球是运动的。"我们不知道这个传说是否属实，但是我们知道，伽利略并没有改变自己的看法。国王也好，牧师或者法官也罢，都不能强迫他改变自己的想法。伽利略在生命的最后8年里，继续观察天空，并记录下自己的观察结果。在他被软禁期间，出版了一本最重要的书。所以他必须离开意大利，逃往荷兰，因为那里不是宗教裁判所的势力范围。直到1992年，天主教会才承认，对伽利略的审判是没有根据的。有时候，真理获胜之前会经历漫长的过程，但是总会获胜的。

不过，我并不想将所有和伽利略意见不同的人称为流氓，有些人的论点十分不错。虽然伽利略证明了亚里士多德关于物体下落的错误观点，但是他也没有给出答案：为什么球体会下落？用望远镜观察到的一切，也无法说服所有人。即使是伽利略最好的望远镜，也必须是视力极好的人，才可能看到月亮上面的高山和金星的星相。

伽利略也并不总是对的。比如说，他相信行星围绕太阳旋转。1609年，一位德国天文学家证明了该设想错误之后，他还是坚持自己的观点。这位天文学家名叫约翰内斯·开普勒，曾和第谷·布拉赫共事过。

这个发现来自开普勒有点让人吃惊，因为他所从事的事情和科学的关系不大。开普勒喜欢魔术和炼金术，也许是遗传自曾是巫师的母亲。他曾在非常紧急的情况下从木柴垛上救回了自己的母亲。

尽管如此，约翰内斯·开普勒还是一位能干的数学家和科学家。他发现了为什么有些人是近视眼，有些人是远视眼。开普勒本人是近视，因而无法像第谷·布拉赫那样很好地观察恒星和行星。在第谷死后，开普勒继承了他的手稿。他一直努力描述行星

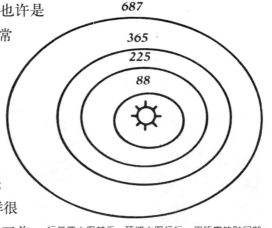

行星离太阳越近，环绕太阳运行一周所需的时间就越短。火星需要687天，地球只需要365天。速度更快的是金星（225天）和水星（88天）。（注：图形的比例有所改变）。

的圆形运动轨迹，使之与第谷的数字相吻合。和哥白尼、伽利略一样，他坚信，行星有圆形的运动轨道，因为圆是一个理想的几何图形。

然而不管他怎么努力，都无法找到和观察相符合的圆形轨道。他在尝试了 70 个不同的圆形轨道之后就放弃了，开始研究其他几何图形是否更合适的问题。最后，他发现了椭圆形，一种扁长的圆形。

开普勒试图借助第谷的数字来描绘火星的运动轨道时，发现了椭圆形。开普勒看到，太阳并不是位于椭圆形的中心，而是靠近侧面的某个地方，这个地方在数学里被称为焦点。

1609 年，开普勒出版了一本书，内容和这个发现有关。书名带有浓郁的科学气息，名为《新天文学》。书中还提到了另一项发现。由于轨道是椭圆形的，行星离太阳的距离会不断变化。有时候它们离太阳近，有时候又离太阳远。开普勒意识到，行星在太阳附近运动较快，远离太阳的时候运动较慢。地球在 1 月份离太阳最近，运动也最快。

后来，开普勒提出了一个计算行星运行速度的公式。如果我们知道它们与太阳的距离，就能用公式计算出它们的速度，比如，地球围绕太阳运动的速度是 108 000 千米／小时。当时人们所知道的处于太阳系最边缘的行星是土星，速度只有 34 500 千米／小时。这 3 项发现称为开普勒三定律，也正是伽利略一直在寻找的自然法则的类型。

虽然伽利略和开普勒在很多方面意见不同，但他们都在努力结束地心说占统治地位的局面。如果研究者将伽利略对星空的观察和开普勒的发现结合起来，根本就不可能再说，地球是位于太阳系中心位置的。

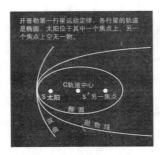

天体力学中的开普勒第一定律

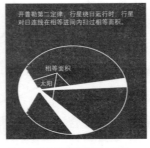

天体力学中的开普勒第二定律

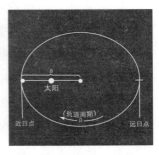

天体力学中的开普勒第三定律

第十四章

我们心中的宇宙

17世纪，人们不仅仅在意大利有重大发现，在欧洲的许多地方，科学家们都在孜孜不倦地研究自然科学。在被禁锢了几百年后，人们的好奇心似乎爆发了，就好像摇晃一瓶汽水时将会发生的情况，瓶中的压力越来越大，瓶盖被迅速打开时，汽水便喷涌出来。教会只允许人们进行少量研究工作，最终导致了不可抑制的爆发。

甚至在一直被奉为是神圣的事情上，人们也进行着研究，比如说人们开始研究人体。教会认为人类是非常特殊的一种生物，《圣经》中说，人类是"参照上帝的样子"创造出来的。只有人类拥有灵魂，能进入天堂，因此描绘人体就已经算是罪行。可以想见，教会面对人们研究真实的、裸露的人体时会有多么恐慌。

医生对人体的有限了解都来自于伽伦的书和达·芬奇的画。1543年，哥白尼出版《天体运行论》这本书的同时，还有另外一本十分重要的书也面世了，该书作者就是比利时医生安德里亚斯·维萨里斯，曾在帕多瓦综合性大学任教。他很清楚，人们需要一本新的教材，能了解人体的构造，也能对解剖学进行介绍。他的书《关于人体的构造》中有关于人体骨骼、内脏和肌肉的详细描绘，数百年来，这本书始终是医生的重要工具。

维萨里斯通过解剖尸体获得知识。可是，死人和活人之间还是存在着巨大区别。因此医生还是不知道，婴儿在母体中是如何发育的，人们如何思考，如何呼吸，人们吃下去的东西是如何在胃部消化的。甚至下面的简单问题医生都无法回答：血液从何而来，如何在我们的动脉中运行？

伽伦认为，血液自肝脏渗出，由不知名的力量推动到人体的各个部位。只要解剖尸体，就一定能看到这一点。但要是见过活人的血液循环，就知道前面的说法不对。割开手腕或者颈部就能让血液喷射出来，如果不能迅速止血，几分钟之后这个人就死掉了。血液是与人生死攸关的一种特殊液体。

17世纪初期，英国医生威廉·哈维开始在这个方面进行仔细研究。和伽利略一样，他也做实验。哈维不能用人做实验，因此使用内脏和人类相似的动物作为实验对象。

如果割开山羊的颈部动脉，哈维可以看到，血液是如何喷涌出来，根本不是什么"渗透"。哈维知道，动物和人类都有一个永不停息的器官：心脏。在解剖刚刚屠宰完的动物时，可以看到，心脏是如何扩张和收缩，并且血液是如何从心脏流入各条动脉的。对哈维来说，毫无疑问：心脏让血液流出。可是血液是从哪里来的呢？有可能不断产生新的血液吗？

哈维剪开尸体的心脏并计算出，心脏大约能容纳3/4升血液——接近一个

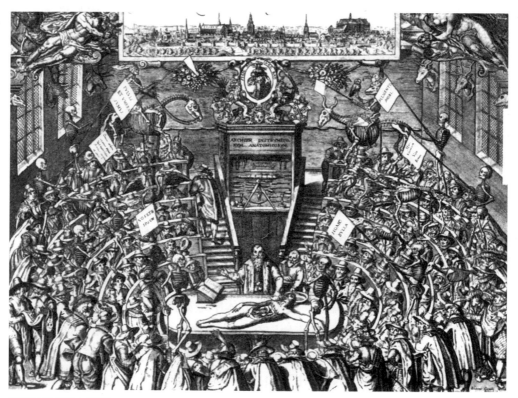

科学家正在解剖一具尸体。

小水杯的容量。每次跳动心脏都收缩到一起，然后将 70 立方厘米的血液压送到身体中。哈维知道，心脏一般每分钟跳动 70 ~ 80 下，也就是说大约每分钟送出 5 升血液。这个数字再乘以 60，因为 1 个小时有 60 分钟，得到的结果令人惊讶：每小时心脏要压送 300 多升血液！这么多血液的重量几乎是一个成年人体重的两倍。不可想象，人体能产生如此多的血液，因此哈维认为，答案只有一个：人体中一直循环着同一股血液。

带有照明装置的老式显微镜。本图出自 1664 年的一本书。

　　这个发现造成了轰动效应。哈维不仅做出了重大发现，还向人们提供了一个全新的对人类的看法。心脏是个泵，哈维说道。血液是种液体，能传送对生命至关重要的物质，没有别的功能。动脉就是血液涌流的管道。人体并不是什么神秘物体，和机器有一定的相似性！

　　威廉·哈维的研究方式自然会有人反感。想到屠杀山羊，只是为了观察它死亡前的挣扎时间，的确让人很不愉快。可是我们不能忘记：哈维所做的事情，和屠夫在屠宰场千百年来所做的并没有区别。不同的是，哈维屠杀动物，并不是为了满足自己的口腹之欲，而是为了获得知识，并且希望，通过获得的知识帮助患病的人。

　　由于哈维是用活体做实验的第一人，也成为现代生物学的创始人之一。哈维为亚里士多德创立的生物学指明了一个全新的方向。

　　对于生物学家来说，当时还有一个新发现非常重要：显微镜。和望远镜一样，显微镜中也有许多小透镜，作用是放大物体。不过，显微镜中的透镜是用来放大近处的物体。也许第一台显微镜是在 1590 年由扎夏里亚斯·詹森设计而成的，他是阿姆斯特丹的一名眼镜制造商。伽利略·伽利雷是第一个认识到这种新仪器好处的研究者。

　　在 17 世纪中期，第一批可供使用的显微镜问世了。科学家认定，在显微镜下可以看到的比在星空上看到的更多。通过显微镜观察，简单的一滴水已经是一个世界。水滴中存在着许多微小生物，是人们用肉眼根本无法看到的。

还有一些研究者自认为已经十分了解的东西，在显微镜下看起来却完全是另外一回事。花瓣、昆虫的翅膀和人类的皮肤实际上都是由许多微小部分构成的。生物不是由某种物质构成的块状物，而是由无数微小部分构成的。真实的世界比任何哲学家所设想得都要复杂。

几年之后，科学家借助显微镜推翻了亚里士多德的另一个理论。亚里士多德曾经观察到，腐坏的肉上会出现一些事先无法觉察的蛆，亚里士多德认为这是生物能够从无到有产生的证明。

但是显微镜告诉人们，在腐坏的肉生蛆之前，已经存在一些东西：小小的白色虫卵。1668 年，佛罗伦萨的医生弗朗西斯科·雷迪发表文章解释了这个现象：

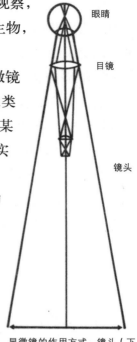

眼睛

目镜

镜头

显微镜的作用方式：镜头（下透镜）放大物体的图像，而两个透镜之间的图像又由目镜（上透镜）再次放大。

"我把一条死蛇、一块鱼肉和一片牛肉放到 3 个瓶颈很长的烧瓶中。密封这些烧瓶。然后我把同样的东西放到另外 3 个烧瓶中，但是却敞着瓶口。敞开的烧瓶中常有苍蝇飞进飞出，肉和鱼很快就被蛆所替代，而密封的烧瓶中则没有任何蛆，虽然烧瓶中的东西也早已腐烂……通过这个实验，可以得出结论，只要动物尸体上没有其他动物的卵，腐肉上就不会出现蛆。"

这个简单的（但又很倒胃口的）实验表明，科学家在短短几十年间迈出了一大步。大约 1600 年时，还只有少数人有勇气进行实验，如今做实验已经在欧洲蔚然成风。人们开始研究自然界的各个方面，提出各种各样的问题。

扫码获取更多资源

第十五章

科技革命

17 世纪发生在科学领域的巨大变革被称为科技革命。用到革命这个词的时候，我们常常会想到社会中快速而充满暴力的变化。在历史上，革命总是和国王、政权等有关。

革命这个词还可以表示长期的、重要的变化。科技革命就具有上述特点。它持续了几十年，主要是指研究者思维方式的变化。但是，科技革命对大多数人来说，比历史上任何一次革命都更为重要。

科技革命的重要结果是："真理就是和亚里士多德的想法一致的东西"的观点终于退出了历史舞台。亚里士多德书中的内容和其他哲学家的看法不相符时，科学家们更愿意相信自己的眼睛，他们不断提出理论来解释自然界中的各种现象，但是现在的理论必须以确切的观察和实验为基础。

科学家们放弃了以前的观点，开始重新考虑到底什么是真理。但大多数研究者花费了过多的时间利用新工具来观察自然界，因此思考的任务就留给了哲学家。

其中一位哲学家是弗朗西斯·培根（和罗吉尔·培根没有亲缘关系）。他和伽利略、哈维生活在同一时代，同时还是著名的作家兼政治家。关于科学家如何能找到关于自然的真理的问题，培根思考了很久。

他第一个认识到研究对于社会的意义。培根认为，科学应该为人类服务，并坚信，科学家的发明能极大地简化人们的生活。

培根有一句众所周知的名言："知识就是力量。"意思是，了解自然的人比其他人更有优势。将大量资金投入到综合性大学和研究的民族，也会比其他民族更为富裕更为强大。很少有人做出这么正确的预言。

弗朗西斯·培根自己也进行实验，其中一项要了他的命。在 1626 年一个寒冷的冬日，培根想知道冷却的肉是否能比其他肉类保存时间更久。他买了一只杀好的鸡，并把雪填充到鸡身里。但他却不小心感冒了，随后感冒又发展为肺炎，那时候肺炎是种极其危险的疾病，几周以后，培根就辞世而去。至此，在为自己的好奇心付出生命代价的人里面又多了一位。

法国人勒内·笛卡尔是科技革命中的另一位重要哲学家。他相信，理智——人类冷静思考的能力——能回答关于自然界的所有问题，只要人们遵循几个简单的规则：

第一，如果不能肯定一件事情，就一定不能把它视为真理。要花时间仔细思考，只相信自己真正没有疑问的事情。

第二，将一个困难的大问题切分成很多个小问题，然后分别回答每个小问题。

第三，不断尝试保持思维清晰活跃，首先回答最简单的问题，然后可以试着回答困难的难题。

最后，对自己的工作进行概括，确定没有忽略什么问题。

我们马上就能看到这些规则的用处。理智始终是科学家最重要的工具，许多研究者现在仍旧遵循着笛卡尔提出的规则。第二条规则也非常有用。在一个复杂的社会里，科学家将一个问题切分成自己能把握的多个小问题，的确十分重要。

可是，这些规则对那些进行实验、观察自然界的研究者并不能提供多少帮助。

笛卡尔对实际问题没有特别的兴趣，他的重点主要放在思维的世界里。研究自然界对数学不起任何作用，所以笛卡尔成为一名著名的数学家。

他的一项数学发明经常出现于我们的日常生活中。不管在哪里，报纸上、书本中、电视里，都有展示数字的图表，比如关于失业率的曲线图，或者政党选举结果的曲线图。在一个图表中，数字常常表示为点，各点可以用线段连接起来。在图表中纳入数字的方法就是笛卡尔发明的。

科学发展中，图表是非常有用的工具。它能让人用新的方式来观察数字。一份长长的数字列表可以编成一目了然的曲线，研究者只需一瞥就能发现，这些图表说明了什么问题。

笛卡尔是伽利略的信徒，建立了自己关于宇宙的理论，认为太阳位于宇宙的中心。他在本应于1633年出版的一本书中详细叙述了这个问题。后来，他听说了伽利略被审判为异教徒的事情。出于对教会和宗教裁判所的畏惧，笛卡尔推延了该书的出版时间。后来，他的理论终于为人所知，引起了科学界的极大反响。可惜，我们不得不说，笛卡尔没有特别仔细地研究天空，他的许多理论并不正确。

笛卡尔是研究自然科学的最后几位哲学家之一。在17世纪将近结束的时候，哲学和自然科学分道扬镳。哲学家开始把注意力集中在政治、道德和宗教上面，而自然科学家研究不同的科学领域，不管是数学、物理学、生物还是天文学。

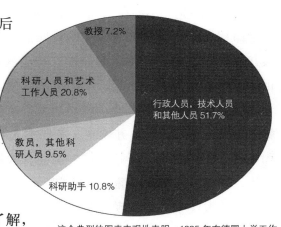

这个典型的图表直观地表明，1995年在德国大学工作的521888人划分为不同的职业群体（表示为百分比）。

如今，科学家只对哲学稍有了解，哲学家对自然科学的了解也仅限于在学校里学到的那些内容。这一发展的最关键原因是自然科学和哲学的不同思考方式。笛卡尔和许多希腊哲学家一样，认为可以通过思考获得关于自然界的真理，答案就存在于人类的思维世界中。笛卡尔仍旧被人尊为伟大的哲学家和数学家，但是在现代研究者中，还没有人赞同他在自然领域的研究方法。

每次革命都会出现一些与众不同的伟大人物，每当我们说到革命，总会想起那些名字。科技革命中，伽利略的名字无人不知。同时，另一位不可或缺的革命领军人物是一位英国研究者——艾萨克·牛顿。

第十六章

艾萨克·牛顿和永恒

据说艾萨克·牛顿在上大学的时候，养过一只圆滚滚的猫，牛顿夜以继日地拼命用功学习，仆人送饭来的时候他根本就没有觉察到，所以，他养的猫很开心地吃了那些食物，而他本人却还是那么瘦弱。艾萨克出生于1643年，正好是伽利略去世后一年。刚出生的时候，艾萨克又瘦小又虚弱，没有人认为他能存活下来，据说他小到能放到一个壶中。艾萨克的父亲在他出生以前就去世了，母亲改嫁，并搬到了新任丈夫的家中，艾萨克由祖父母抚养成人。和当时的大多数人一样，牛顿一家住在农村。他们拥有一大片土地，大家都认为，这个男孩将来会继承家里的财产。

可是很快家人就发现，艾萨克并不会成为一个好农民。让他去放牧，他很快就陷入自己的沉思中，根本就没有注意到，奶牛已经走到别的地方去了。他喜欢制造机器模型，爱读科学书籍，最后，家里实在没有任何办法，只好送他去学校。1661年，他开始在剑桥大学学习。他原本想成为律师，因为以后能有稳定的收入。

可是在大学里，艾萨克·牛顿没有得到满足。他并没有整天埋头于法律文本当中，而是关注起哥白尼、开普勒、伽利略和笛卡尔等人的书，深深地为其中的新思想所吸引。剑桥的大部分教授那时候还都是亚里士多德的信徒，学生们也效仿教授，因此，艾萨克根本找不到一个谈得来的人。很快，他就被视为聪明的独行侠。

1664年，艾萨克·牛顿开始写一本小书，称其为《一些哲学问题》。标题下面写着他的座右铭："柏拉图是我的朋友，亚里士多德是我的朋友，但是我最好的朋友是真理。"在这本书中记录了他对科学和自然界的想法。由于该书得以流传下来，我们知道，艾萨克在一年之内就学习了几乎所有的数学知识。

他还学习了物理和天文学，并坚信，古希腊式的思考方式是错误的。

艾萨克·牛顿虽然将柏拉图和亚里士多德当作自己的朋友，但在生活中他却几乎没有什么朋友。思考问题的时候，他喜欢独处，但是学校到处都是大学生和教授，他很少有独自一人待着的机会。1665年，他的大学生活突然出现中断，当时在伦敦爆发了瘟疫，很快就蔓延到英国的其他地区。

可怕的黑死病在1349年以后并没有得到控制，反而不断发生，17世纪时，人们已经知道，最好避开和病患者接触。因此，大学关闭，没有经济负担的人都迁徙到居住密度较低的边远地区。

前面曾说过，牛顿很幸运地来自农村，并能随时返回自己的家园。他在那里待了两年。就是这两年常被称为科学历史中最重要的两年。在祖父母的土地上，艾萨克·牛顿可以随心所欲地做实验、思考问题，没有人会对他讲什么是正确的，什么是错误的。

两年之中，他发明了数学的一种新形式，对后来的研究大有裨益。我就不详述这门数学了（真的非常复杂），但是我一定会提到它的名称：微分学。在同一时间，德国哲学家和数学家戈特弗里德·威廉·莱布尼茨也独立地发明了相同的方法，到现在，人们也无法判断，到底谁是最先发现微分的人。要想成为一名科学家，就必须和微分打交道。利用微分之后，就能明白，这个数学发现和人们使用数字零一样是个天才的创举。

和当时所有对自然感兴趣的人一样，牛顿也有一架望远镜。用望远镜发现的东西激起了他的浓厚兴趣。他将望远镜对准一颗明亮的星星，星星周围有彩虹般各种颜色构成的圆环。星星的光芒越强烈，圆环就越明显。这个现象甚至加重了人们观察天空的难度。熟知这个问题的天文学家解释说，是透镜的问题。但是牛顿怀疑这全都是光线造成的。

望远镜的透镜——和我们所知道的那样——都是中间厚，边缘薄。因此边缘的线条几乎形成一个三角形。牛顿认为，这个三角形非常重要，在试验中他也使用了三角形的打磨过的玻璃（称为三棱镜）。他让一小束光线透过三棱镜。当阳光透过三棱镜落到墙壁上，牛顿突然看到一个由红色、橙色、黄色、绿色、蓝色和紫色光线构成的光束。太不可思议了，因此，牛顿称这个光束为光谱。

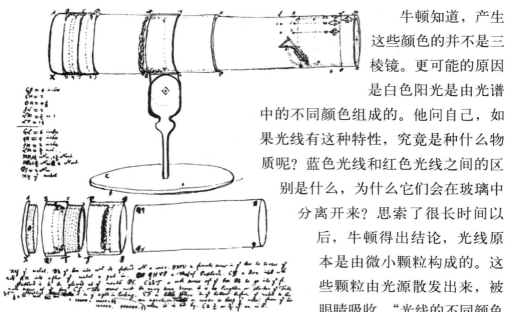

牛顿望远镜的绘图，包括各个部件。虽然在设计望远镜时使用玻璃不算新主意，牛顿却是第一个敢于打磨金属镜片表面，并且亲自抛光的人。

牛顿知道，产生这些颜色的并不是三棱镜。更可能的原因是白色阳光是由光谱中的不同颜色组成的。他问自己，如果光线有这种特性，究竟是种什么物质呢？蓝色光线和红色光线之间的区别是什么，为什么它们会在玻璃中分离开来？思索了很长时间以后，牛顿得出结论，光线原本是由微小颗粒构成的。这些颗粒由光源散发出来，被眼睛吸收。"光线的不同颜色是由不同形式的光线颗粒组成。"他这样想。

蓝色颗粒和红色颗粒不同。透过玻璃，光线改变了自己的方向。牛顿能够看到光谱，是因为蓝色光线颗粒和红色光线颗粒改变方向的程度不同。在光线颗粒达到三角玻璃时，光线聚集到一起。在透过三棱镜时，光线呈发散状，因此在穿过三棱镜后光线也分别区分开来。

牛顿很清楚自己有了重大发现。数百年以来，人们一直在寻找对光线的定义。伽利略的研究也无法更加接近答案。牛顿则用自己的颗粒理论提供了一个颇有启发性的解释。

1667年，人们终于能够重新回到城市，牛顿再次开始在剑桥学习。他讲述自己的新发现，并将它们写到书中。许多人都对他产生了深刻的印象（那时候他年仅24岁），两年后牛顿就被任命为教授。

不过，并非所有人都接受牛顿的理论。荷兰研究者克里斯蒂安·惠更斯进行实验，宣称光线由颗粒组成的理论毫无依据。事实表明，牛顿有一个很大的缺点：他不能承受任何反对意见。和克里斯蒂安·惠更斯一起进行客观讨论，对他来说十分困难。后来，又有一位英国研究者宣称，牛顿的观点是偷自他的。那个时期的牛顿完全失去了理智。

从那时开始，艾萨克·牛顿再也不想和同事们一起合作了。他把自己关在屋子里，也许经受着如今我们所说的精神崩溃。现在的许多研究者认为，艰难的童年时期使牛顿成长为一个不幸的人。但是专门研究人类感情和思想的心理学，直到 19 世纪末才出现。

所以，没有人能够帮助艾萨克·牛顿，我们总爱认为伟大的思想家都是异常能干的榜样，但实际情况却不尽相同。和别人的感觉不同是件让人难受的事情，就像发生在牛顿身上的这样。

很多年来，牛顿都拒绝他人造访。1684 年，年轻的天文学家埃德蒙·哈雷获准拜访牛顿。他需要获得帮助，来计算行星的运动。约翰内斯·开普勒虽然证明过，行星的运行轨道呈椭圆形，但是天文学家发觉计算轨道还是十分困难。

让哈雷感到万分惊讶的是，牛顿说："自己已经在很多年前就解决了这个问题，但是却把写有计算方式的那张纸丢了。"哈雷知道，牛顿十分有才干，也许他说的是真话。因此，他请求牛顿再演算一次。3 个月后，哈雷收到一封信，信中就是对这个问题的解答。

哈雷立刻意识到，牛顿已经解决了天文学家最大的问题之一。他请求牛顿写一本书，详详细细地描述整个内容。牛顿立刻着手，3 年后完成了该书的撰写。

这本书名为《自然哲学的数学原理》。《原理》（书名常用的缩写）算得上是一本改变世界历史的书。因为，牛顿并没有满足于解释行星的运动，他也为宇宙中的所有运动提出了规律。

我想说明《原理》中的一些内容，

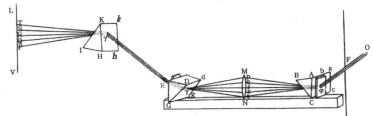

牛顿画的用三棱镜进行实验的图。光束 O 从右侧 F 点处通过缝隙照入黑暗的房间，并落到三棱镜 ABC 上，被分解为光谱颜色。色带 pqrst 由透镜 MN 重新聚集在 X 点处，离开三棱镜 DEG 时重新又成为白色光线。三棱镜 HIK 分解了和 F 处落下的光线完全相同的光线，产生光谱 TSRQP。牛顿以此来证明：白色的"自然"光线可以分解成光谱中的各种颜色的光线，而光谱中各种颜色的光线反过来又能构成"人造的"白色光线。

以此表明此书的重要性。可是，我也不能否认，牛顿的理论是本书中最难的。很遗憾，并不是自然界的任何事情都拥有简单的解释。我们可以说，《原理》的出现宣告了一个时代的结束，即对自然界的任何现象都存在一个简单解释的时代结束了。

《原理》中出现的最重要的几点包括"牛顿三大定律"。这 3 项自然规律和物体的运动有关。牛顿并不像伽利略那样进行过很多实验，但是他仔细研读了伽利略的书。他读到的内容，都表明他提出的规律具有正确性。

牛顿第一定律：静止的物体保持静止。牛顿看到，所有物体都具有惯性，是对运动的一种抵抗。为了让物体运动起来，需要施加力量。比如说，冰球运动中硬橡胶制成的球，安静地躺在球场上，如果想让冰球运动起来，我们必须用球棍去击打它。球棍的力量让球运动起来。

根据牛顿第一定律，如果球匀速在冰面上滑行，那么它将一直滑行下去，直到受到另一个力量的影响。如果球要改变方向或者加快、减慢速度，都必须再次用球棍击打或者用脚踢一下。

可现在问题是，大家都知道，冰球滑行了一段时间之后，自己就停了下来，并不像牛顿说的那样，永远滑行下去。牛顿并没有说错，影响一个冰球的力量有很多。其中一种叫作摩擦力，摩擦力造成互相接触的物体之间的阻力。

如果摩擦手掌，就能感觉到双手紧紧贴在一起。所有接触的物体之间，比如说冰球，都是这样的。摩擦产生的原因在于，冰球下面和冰上面存在微小的凹凸表面，两者相互阻碍，导致冰球停止运动。

牛顿第二定律说明各种力的作用。如果要增加或者减小一个物体的运动速度，取决于我们施加的力的大小。如果我们用两倍的力或者更大的力去碰冰球，它的速度也会变为两倍。该定律还说明，力在物体上作用的时间越长，物体的运动速度就越快。

牛顿第二定律常被写为数学公式，该公式属于物理学中最常用的。

牛顿第三定律说明，对于每种力都存在阻力。如果我们用力将手压在墙壁上，马上感觉到压在手掌上的力。产生的效果似乎是墙对手也施加了力量，这就是阻力。如果用球棍来打击冰球，球棍的力量让冰球开始运动。但是在球棍击打冰球的一瞬间，冰球出现颤动，这就是冰球的阻力。

这个定律也许是最难理解的。但是解释了自然界中很多看起来很奇怪的现象，比如说，火箭是如何工作的。火箭是末端封闭的管道，另一端接入炽热的、灼烧的气体。牛顿之前，人们根本无法设想，由于气体从管道末端涌到地面上，火箭能向上飞起来。

牛顿第三定律是这样解释的：我们用力朝一个方向送出气体，在相反的方向也出现一个反作用。这个阻力让火箭朝着与火箭气体相反的方向飞。猎人扳动猎枪射出子弹，也是类似的过程。子弹由巨大的力从枪膛中射出。阻力使得猎人的肩膀受到后坐力，即和子弹运动方向相反的力。

我还没有解释牛顿对力的理解。对他和所有后来的研究者来说，力就是让物体改变速度或者方向的东西。可以是手掌的力、冰球球棍的力或者摩擦力。

力是看不见的，也闻不到、摸不着，但是却可以用特殊的工具来测量。发现各种力对研究来说十分重要，因为许多曾经的神秘现象都能真相大白。

比如说，如果手里拿着一个球，随后放手，球会自动落到地上。伽利略·伽利雷也做过球体下落的实验，但是却不能解释为什么出现这种情况。在牛顿眼里这根

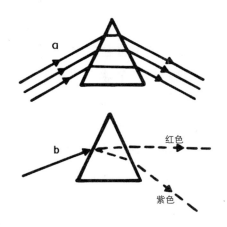

单色的平行光束（a）和白色的、由各个光谱颜色组成的光线（b）穿过三棱镜。

本不是问题：他的第一定律就说过，静止物体只有受到外力影响时才会运动。因此，存在一个力让球向地面落下。

据说牛顿曾自己在树荫下坐着，看到苹果落下时想到这个问题的：为什么苹果和其他物体总是向下落？为什么不是向上或者向侧面掉落？如果一切都落到地上，神秘的力量一定来自地球本身。并且苹果落到地面上以后，这个力量仍旧存在，让苹果保持静止状态。

也就是说，这个力让所有地球表面的物体都被固定在地面上。这个力赋

予物体重量。没有这个力，一切都会散落到宇宙中。人类、动物、空气和海洋，一切未固定在地球表面的事物，都会散落开来。但是因为这个力的存在，万事万物都有了重量。因此，我们将这个力称为"重力"或者"地球引力"。

牛顿还断定，地球有引力，不仅吸引物体停留在地球表面，引力还延伸到宇宙中。这就是能将月亮固定在围绕地球的轨道上的原因。

月亮和树上的苹果一样，能够向地球靠近，这是因为地球的重力使然。听起来很奇怪，因为月亮并没有和地球接触到，苹果却是实实在在地落到地面上。月亮几十亿年来一直围绕地球旋转，还将在以后的几十亿年中继续环绕下去。我们怎么能说月亮在降落呢？

最简单的方法就是用实验来说明。可惜实际中根本无法完成这项实验。我们必须运用自己的想象力。物理学中常常出现这种想象的实验，艾萨克·牛顿也在头脑中将它完成。

我们扔一个球，放开手，球会先经过几米的距离，然后落到地面。观察球下落的过程，就能发现，球在离开手的一刹那就开始下落。

牛顿第一定律说，球如果没有外力的影响，将永远保持下落状态。可是我们的确看到，球停止下来，落到地面上。因此存在一个影响它的力，并向下牵引这个球。这个力就是重力或者说地球引力。

现在，我们用更大的力扔球。球经过的距离更远，仍旧落到地面上。假设，我们扔球的力越来越大，球飞过 10 米、50 米、100 米的距离。但是球总会落到地面上。想象中实验的好处就是我们不用跑来跑去地捡球扔球。实验中，100 米还不够远。我们必须设想，我们有超人的力量，可以将球扔到无限远处。

如果我们的投掷力能让球以子弹的速度（3 000 千米／小时）飞行，球在落地以前能经过几千米。如果我们更用力，球在落地之前飞过的距离会更远。那么，在我们以 30 000 千米／小时的速度扔出球时，突然会出现奇异的现象。球从我们的手中滑出去，在 1/100 秒内就消失在视线以外。因此，我们必须设想全程观察着球的运动。

同样，重力将球往下拉。虽然球在下落，但是并没有更加接近地面！地面似乎在球下发生弯曲。事实也是如此。因为地球是一个圆球，球体的表面是弯曲的。如果球的速度达到 30 000 千米／小时，地球表面的弯曲速度将和球下落的速度一样快，球仍旧落向地面，但是却永远不会落到地面。

如果现在停下脚步，回头看球，将会在一个半小时之后经历一个意外。球围绕地球转了一圈，又回到被投掷的起点，碰到我们的头部，我们立刻就会死掉。所幸这只是在我们脑海中进行的实验！

在这个例子中，球如果没有撞到山上，也可能在空气中停止。因此，我们在头脑中还要进行一次实验。假设，我们现在是在远远高出地球的宇宙空间里。仍然存在地球引力，但是这里的引力比地球表面的小。计算重力的数学公式表明，一个物体离地球表面越远，受到的重力越小。人们越深入宇宙空间，能感受到的地球引力也越小。

因此，球不会迅速落到地面上，我们"只"需要用 28 000 千米／小时的速度扔出球。球一旦离开我们的手，地球引力就开始发生作用。现在，地球在球体下仍旧是弯曲的，球体仍旧无法接触到地球表面。由于在宇宙空间中没有空气，球体也无法停止。它将永远围绕地球转动。

现在，我终于要回到月球的问题上了。月球是一个巨大的球体，能在宇宙空间中飞行。因此，它也和小小的球体有相同的表现。月亮始终都受到地球的吸引，但却永远无法接触到地球。因为它离地球太远，运动速度也比我们幻想实验中球体的速度慢许多，才 3 600 千米／小时。

牛顿对于思想实验并不满足。他比较了落到地面的球体和通过对月球的观察，从而得出结论：月球是在落向地球，但永远不会碰到地球。

现在，地球并不是唯一具有重力的行星。恰恰相反，宇宙中的所有物体都有重力。比如我们的书。我要读书的时候，就用自己的重力把书拿向自己。但是因为我个子小，重力也小。为了让重力显得更明显，就需要无数上十亿吨重的物质的多次实验。

月亮很大，我们能感觉到它的引力。比如，它会吸引地球上的海洋。这样一来产生了潮汐现象。但是月亮比地球小很多，所以是月亮围绕地球转，而不是地球围绕月亮转。

这个永恒转动的故事听起来不可思议，但是在特殊情况下，人们也能在地球上经历类似的事情。走路的时候我们就是利用一种重力技术。走路基本上和下落是相同的情况。此时，我们必须再次进行实验。我们双腿并拢，将一只脚放在另一只脚前面，开始走路，身体便开始轻微地前倾。现在若是不继续把一只脚放在另一只脚前面，我们就会倒在地上。要是不想倒下，就必须迈步。在继续前进的时候，阻止我们倒下的这只脚又会成为阻碍，身体再次前倾，只能再用另一只脚来阻止倒下。迈步、倾倒、迈步、倾倒。全世界的人都在这样走路，时时刻刻。

牛顿定律对所有人都适用，也对任何时间适用。不管身处何地，我们都不能违反这些定律。这是自然规律，自然界的万事万物都必须遵循。不可能打破重力的规律，因此我们也永远不会看见苹果落向上空。

尽管要理解所有书中关于牛顿的理论很难，现在也许可以设想一下，当时的人们受到多么大的震撼。研究者如哥白尼、开普勒和伽利略都知道许多关于地球和宇宙的知识，然而牛顿的《原理》才解释出其根本原因。

尼克劳斯·哥白尼无法解释，为什么地球围绕太阳旋转，人类、动物和物体不会下落。伽利略·伽利雷无法解释，为什么两个重量不同的球体可以同时落到地上。约翰内斯·开普勒无法解释，为什么行星轨道是椭圆形的，为什么行星在太阳附近运动速度更快。

所有这些问题和更多的其他问题都可以由牛顿三大定律和发现的重力来解释。牛顿表明，在无数复杂的自然现象背后隐藏着少数简单的自然规律。

艾萨克·牛顿在当时已经成为历史上最伟大的研究者。人们甚至将他的出生和《圣经》里上帝说"要有光！"的第一个创造日相提并论，自然和自然规律之前一直被遮掩在黑暗中，牛顿来了，用自己的光明照亮了自然和自然规律。

牛顿本人十分谦虚。他说："如果我比别人看得更远，那只是因为我站在巨人的肩膀上。"如果没有前人的思考、计算和实验，牛顿也不可能有自己的发现。临终前，牛顿这样说："我不知道世人是如何看我的。但是我把自己当作一个小男孩，在沙滩上玩耍，捡到美丽的贝壳和彩色的石块，而无尽的大海还有许多尚未研究出来的东西等待着其他人。"

牛顿相信，探索真理的过程才刚刚开始。在这一点上他也很有道理。

第十七章

工业革命

在我的家乡奥斯陆的一座博物馆中挂着一幅画，它总是带给我一种独特的感觉。画上是一座被绿色草地和茂密森林围绕的农庄。在远处可以看到其他农庄和挪威峡湾幽幽的蓝光。画上画的正是现在我住的地方。但是看上去却大不相同，那是 250 年前的样子。

气派的农庄早已消失，如今取而代之的是住宅楼和小小的公寓。田地变成水泥，森林被砍伐，邻近地区再也没有奶牛和绵羊，也没有野生动物穿越森林了。除了人类和猫狗以外，街道上只看得到机器。

博物馆中的这幅画和其他艺术品表明，奥斯陆发生了巨大的变化。欧洲和世界上其他许多国家和地区也经历了同样的变化。改变的不仅是地貌，人们的生活也和从前完全不同。250 年前，大多数人都住在农村，以自己生产的粮食为生。现在，大多数人生活在城市，在工厂和办公室赚钱，再用钱购买食物。

在以往的历史中，让人们的生活发生翻天覆地变化的只有一次，是在 1200 年以前。那时候，人们意识到，可以自己种植庄稼，饲养牲畜。千百年来靠打猎和采集为生的人类开始定居下来，种植田地，建造房屋。他们成了农民。

第二次大的变革发生在 18 世纪末期，被人称为"工业革命"。大部分欧洲人开始在工厂——也即工业领域——工作，这是"工业革命"的由来。

导致这次革命的因素很多。当时的政治形势是一个很重要的因素，以及如何管理土地，农民手中土地的所有权问题。比如，英国的大地主将农民从自己的土地和农田上驱逐出去，使自己拥有了上千个小农庄。同时，人口数量不断增加，很多地区没有充足的居住空间和工作岗位。

但是导致工业革命的最重要原因是 18 世纪和 19 世纪中人类进行的重大发现和发明。引起工业革命最关键的发明就是蒸汽机。

我说过，希腊人海伦发明了一种蒸汽机，后来被世人遗忘了。这一回，一切都是从厨房开始的。1679 年，法国人丹尼斯·帕潘发明了高压蒸汽锅，锅中有一个阀门，可以拧紧，防止蒸汽泄漏出来。用高压蒸汽锅做饭，食物熟得更快。

帕潘断定，水烧开后变成水蒸气状态时，比水呈液体状态时需要更多的空间。一升水能变成两升水蒸气。当锅中的水不断变成水蒸气时，空间也越来越小。蒸汽挤压锅的侧面、底面和锅盖，压力不断增长。

高压蒸气锅非常危险，因为锅盖有时候承受不住巨大压力，那时候的锅盖上还没有普遍装上安全气阀。没有气阀，锅盖就可能发出巨响，飞离锅身，食物也随之抛到空中。所幸的是人们能从一切事物中学习，厨房到处被食物喷溅，也给人们带来了启发。丹尼斯·帕潘意识到，让锅盖飞起的巨大能量，完全可以被利用起来。

帕潘设计了一个带有微小开口的水壶。在开口前面固定一个带有活塞的管道。水壶盛满水，放到火上。水烧开的时候，产生的水蒸气不断蔓延开来，将管道中的活塞向上推举。水蒸气能产生力量，帕潘不仅认识到了这一点，还从实验中证明了力量的大小。

当时有许多人尝试建造一个可用的机器来利用水蒸气的力量。第一个成功的发明家是英国人施密特·托马斯·纽科门。纽科门建造的蒸汽机的作用原理和帕潘的水壶原理相同：加热带水容器——蒸汽涌入管道——让活塞向上运动。

在活塞被推出管道后，蒸汽冷却下来。冷却后的蒸汽再次变成水，需要的空间减少。因此，管道中的活塞又重新落下。活塞到达管道底部的时候，正好新产生一股蒸汽涌入管道，活塞再次向上运动。纽科门的机器中活塞不断上下运动，只要容器中有水，并且不断补给容器（也称为汽锅）下方的燃料。

一个普通的锅能让纽科门的蒸汽机清晰展现出来。先将锅中盛满水，放上锅盖，打开炉灶。水烧开时，就能看到水蒸气将锅盖向上推。在锅和锅盖之间出现缝隙，蒸汽泄漏出来之后，锅盖又回到锅上。

随后，蒸汽又聚集起来，再次推开锅盖，从缝隙中泄漏，锅盖再次落下。只要水保持烧开状态，甚至只要锅中有水，这个现象就会不断重复。在示例中，锅就相当于蒸汽水壶，锅盖就相当于活塞，锅盖抬起释放出蒸汽，就好比蒸

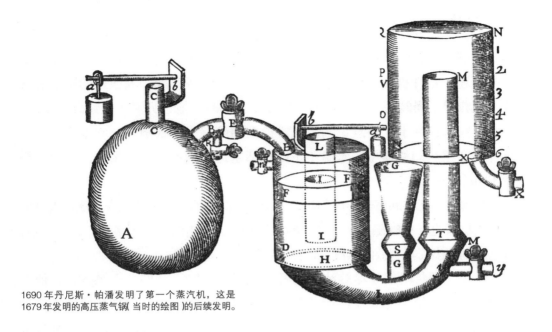

1690 年丹尼斯·帕潘发明了第一个蒸汽机，这是
1679 年发明的高压蒸气锅（当时的绘图）的后续发明。

汽机气阀的工作。

18 世纪初期，英国的大部分森林都遭到砍伐，人们用木材生火或者造船。随着人口的增长，对燃料的需求越来越大。人们找到了解决方法——煤，一种黑色的、发亮的石头，可以在炉中燃烧（一般人们认为是中国人首先使用煤作为燃料的）。可是煤贮备大多位于地下深处，因此必须挖掘深矿。在挖掘的通道中常会有水渗出，对矿工来说是种折磨，同时也十分危险。几百年来，人们使用马匹推动的大型水泵，把水从矿下抽出。

马匹是生物，力量和耐性都有限，在矿场马匹也和人类一样受到折磨。纽科门的蒸汽机却不同，既不需要通风口，也不需要维护。只要有足够的水和煤，就能全天 24 小时工作。因此很受人们的欢迎。英国的矿场使用蒸汽机抽水长达 60 年之久。其他发明家尝试开发蒸汽机的其他用途，比如推动船只，但在一开始显得有些令人失望。纽科门的蒸汽机马力太小，速度也太慢。

1757 年詹姆斯·瓦特受聘于苏格兰的格拉斯哥大学。他的工作是制造和维护科学设备。他的首个任务是维修纽科门蒸汽机的一个模型。该模型本来是上课用的教具，但坏了。加热蒸汽水壶后，活塞只运动两下，然后就停止下来。

詹姆士·瓦特拆开了这个模型，彻底熟悉了其中的构造，可是仍旧无法解决问题。而机器看起来似乎状态良好。因此，詹姆士·瓦特给自己提出了一个问题：也许机器的设计方面有什么地方出错了？他和大学里的研究者交流，并获得了当时关于物理学的一些知识。同时，他也听说了牛顿三大定律。

这些知识终于让他意识到，机器模型的确有一个缺陷——它太小了。在这样一个纽科门机器中，水温不足以让活塞运动的次数超过两次。因此，模型不可用。

詹姆士·瓦特的好奇心被勾起。关于自然法则的知识清楚地告诉他，大型的纽科门机器也存在缺陷。和它产生的能量相比，所需的燃料太多了。瓦特坚信，自己能制造出真正有效的蒸汽机，但问题是怎么造。

他花了两年时间绞尽脑汁地思考这个问题。1765 年的一个星期日，他在公园里散步，突然想到了答案。瓦特跑回自己的实验室，立刻开始建造一种新式蒸汽机。仅仅 3 周以后，他的工作就大功告成。瓦特用自己的新机器进行了很多实验。事实表明，新机器产生的能量和纽科门的机器一样，但是新机器更轻更小，需要的燃料只有原来的 1/3。

可惜，制造新机器的过程十分复杂，花费昂贵。詹姆士·瓦特没有钱，他必须寻找一位富有的、愿意把资金投入到开发新机器上的赞助商。一开始十分艰难，人们还是主要通过农业或者贸易来赚钱，最后，瓦特引起了一位英国工厂主的兴趣。

德国的第一条铁路线于 1835 年 12 月 7 日开通，连接纽伦堡和福尔特。图中是火车的一部分，包含了一等舱和三等舱的车厢各一节。

这位工厂主的工厂中，机器由水轮推动，十分依赖河流中的水。但是河流每年夏天都会枯竭，只能停止工作，遣散工人，这给工厂主带来很多损失。因此他十分感谢瓦特的发明，有了新机器的工厂全年任何时候都能进行生产。

他和詹姆士·瓦特一起建立了第二个公司，专门生产蒸汽机。没过多久，其他工厂主也发现了瓦特蒸汽机的好处。18世纪末期，蒸汽机在整个英国取代了畜力、人力、水力和风力，成为新的能量来源。

蒸汽机可以生产比以往更多的产品。工厂主变得更加富有，又建造新的大工厂。他们的工厂需要大量工人，那些贫困的农村人因为蒸汽机的出现而失业，被吸引到城市里。蒸汽纺织机制造出的布料比手工产品更加便宜，农村里的妇女们再也无法凭手艺获得维持生活的费用。

上百万人迁徙到如伦敦、利物浦和伯明翰这类的大城市，在嘈杂肮脏的工厂里做工。他们的薪水微薄，并且常常比在农村时生活得更加困苦。可是，一旦一个家庭迁入城市，就再也回不去了。一开始"逃离农村"的过程还进展缓慢。但另一个由蒸汽推动的发明出现后，城市化的进程大大加快了。

人们从16世纪开始使用小车，在轨道上运行，它能将金属和石块从矿场中运送出来。1804年，来自英国康沃尔的工程师理查·特尔维域克在这个小车中装上蒸汽机，让小车的车轮由蒸汽机来推动。由此，蒸汽火车问世了。

1814年发明家乔治·史蒂芬森改进了这种机器，也因此在1821年受委托修建世界上第一条铁路（之所以称为"铁路"，是

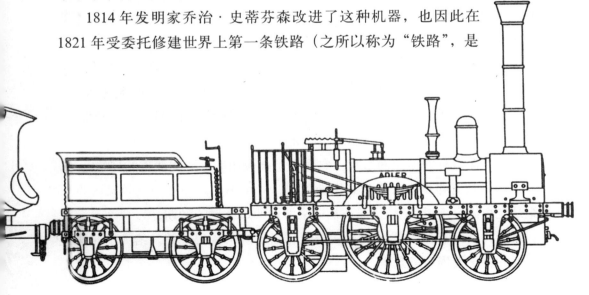

因为轨道由铁制成）。轨道穿行在英国北部城市斯托克顿和达令敦之间。

1830 年，许多欧洲国家都成立了铁路公司，1840 年，全世界一共修建了
8 000 千米长的铁路轨道（几乎是汉堡到西西里距离的 3 倍）。德国的第一条
铁路于 1835 年开通，火车往返于纽伦堡和福尔特之间。

不难理解，铁路的发展在当时具有何等重要的意义。没有铁路的时候，
马匹是最快的运输工具。如果情况不利，邮政马车需要两天时间才能到达 50
千米之外的地方。而火车两个小时就能到。铁路彻底改变了人类的生活。后来，
汽车和飞机也成为重要的运输工具，发展过程中，铁路带来的变化成为公认
的事实。铁路能让人们快速而安全地完成长途旅行。

铁路的存在，也使得其他新发明的消息传递得更快。火车可以在短时间
内把各大工厂的产品和邮件送达欧洲的各个城市。铁路的时间计算也发生了
变化。以前，许多城市都有自己的时间制度。城市里的人按照市政厅或者教
堂的钟来对时间，出门远行的人则必须按照当地的时间来作息。

这个情况在铁路修建后发生了改变。铁路需要固定的列车时刻表，小地
方的时间必须适应首府的规定。渐渐地，一个国家的时间统一起来。

和铁路同一时代的蒸汽船也十分重要。蒸汽船带来的好处和火车基本相
同：旧发明（船）配备了蒸汽机和原本由阿基米德发明的螺丝。很长一段时间，
帆船的速度和蒸汽船相同，有时候甚至更快。但是 19 世纪中期，人们不断
设计出速度更快的蒸汽船，商用帆船慢慢退出了人们的视线。

19 世纪常被称为"发明的世纪"。我们如今每天使用的东西，大多数都要
归功于 19 世纪的发明。除了铁路和汽车以外，那时候还出现了冲水马桶、白
炽灯、电炉、电话、收音机、电影和唱片，甚至电脑也是 19 世纪的一项发明，
不过还只停留在理论上，没有制造出实际产品。

工业革命也有许多负面影响。它导致了高失业率，造成严重的环境污染，
因为工厂排放有毒烟尘，森林和田地荒废，寸草不生。许多历史学家认为 19
世纪是老百姓自 14 世纪经历黑死病以来渡过的最糟糕的时期。

然而，渐渐有越来越多的人从科学和新发明中获得好处。给人类带来巨
大好处的科学发现，就是电。

第十八章

电

探索真理的过程中，觉察到看起来完全不同的两件事物之间的关联，有时候十分重要。比如，美国研究者本杰明·富兰克林就意识到，打雷和琥珀之间有关系。

本杰明·富兰克林生活在 18 世纪，那时还没有什么关于电的研究。基本上，人们对电的认识停留在米利都的泰勒斯的观点。据说泰勒斯曾经把玩琥珀，一种金色的、透明的固体物质。古希腊人不知道，琥珀是经历几百万年的时间形成的石化的树脂。泰勒斯发现，用一块皮毛摩擦琥珀后，琥珀能吸引轻盈的羽毛、细线或者羊绒。

每个人都可以在家中重复进行这个古希腊实验。手中没有琥珀的话，也可以拿一个塑料梳子代替。摩擦手中的梳子，然后把梳子放到羽毛或者碎纸屑上，羽毛和碎纸屑会吸附到梳子上。用梳子梳头，梳子会产生和琥珀同样的效果。

16 和 17 世纪，科学家重新燃起了对琥珀的兴趣。英国人威廉·吉尔伯特称实验中出现的是电，以"电子（Elektron）"命名，这是希腊语中表示琥珀的单词。吉尔伯特和其他研究者相信，电通过琥珀中的摩擦产生。实验表明，玻璃也会出现这种情况。也许电是一种神秘的物质，只在玻璃和琥珀中出现？

本杰明·富兰克林看问题的角度更为实际。他认为，所有物体都带电，如果我们摩擦琥珀，携带的电更多。富兰克林的表述是：比平时的电更多，为正；比平时的电更少，为负。直到现在，电器设备仍旧在使用正、负的概念。比如说，电池的一端有个加号，另一端有个减号。

当我们用手指去触摸一把刚刚梳过头的梳子，也许能感觉到微微刺痛，或者还能听见嗞嗞的响声，偶尔还能看到小火花。走在地毯上，接触到门把手时，也会出现相同的现象。

本杰明·富兰克林观察到自然界也有类似现象，即击入地面的闪电。他联想到闪电和琥珀产生的火花之间的联系，提出一个问题："闪电会不会就是一次巨大的火花呢？"如果是那样的话，紧随闪电出现的雷鸣，就应该是放大了的嘶嘶声。

本杰明·富兰克林熟读伽利略和牛顿的书，知道可以用实验来检验自己的观点。在一次暴风雨中，他放起风筝，风筝的一端用绳索固定在地面上。

富兰克林知道，电能穿过绳索，就像水流过管道一样。如果他的想法是正确的，打雷闪电的云彩带电，那么必定有一部分电会传到地面。富兰克林再把地面的绳索连接到一把钥匙上。

当他用手接触钥匙的时候，钥匙和之前实验中的琥珀一样溅出火花。这就证明，云朵的确是带电的，闪电就是火花。

在这次实验中，本杰明·富兰克林真的十分幸运。他只感觉到云上电流的一小部分。如果闪电遇到风筝，富兰克林立刻就会丢掉性命。两个重复富兰克林实验的研究者就是这样失去了生命！

本杰明·富兰克林发现，打雷的云彩带电（当时关于他这次危险实验的图画）。

富兰克林也断定，高耸、尖顶的物体总是被闪电击到。他用火花进行了多次实验，并利用自己的知识在1752年设计了第一个避雷针。避雷针是一种金属条，安装到楼房顶部，并由管道接到地面。闪电遇到避雷针后，电流就被导入地面，不会造成任何伤害。如果房屋没有避雷针，遭到闪电后，可能出现火灾。富兰克林的发明挽救了无数人的生命。

在18世纪末期的时候，法国人查尔斯·奥古斯丁·德·库伦用琥珀块和玻璃块做实验。他确定，有一种力量能让带电的物体吸引小东西。这种电力让他想起了牛顿发现的重力，但二者之间存在重大差别：在重力不断吸引物体的同时（人们永远不会向上飘落），电力却会产生反向的力。如果把两块琥珀都用皮毛摩擦后放到一起，会有一股力量将它们相互推开。库伦发明了电力的一个数学公式，和牛顿的重力公式类似。这个公式直到今天还为人使用。

那时候，科学家们基本上只知道一种产生电流的方法：他们必须摩擦琥珀、玻璃或者金属。摩擦得越厉害，火花就越大。18世纪，意大利人阿雷桑德罗·伏特开始用化学方法制造电流。他制做出铜和锌构成的薄片，分别用厚纸板隔开，依次进行，直到形成高高的一堆。然后他将其放入玻璃管道，用盐水浇洒。此时可以看到，金属片中冒出火花。很明显，薄片之间产生了电。

阿雷桑德罗·伏特把一段铜线固定到薄片堆的两端，断定电流会穿过导体。但是与琥珀中立刻消失的电流相反，这种电流还长时间存在。伏特发现，电流不但可以制造出来，而且可以用导线继续传导。电和奔涌的水流一样，因此，人们也常说"电流"。我们今天说到电，主要是指电流。

伏特的金属片装置是第一个有效制造大量电流的仪器。这类装置在今天叫作"电池"，我们知道，电池中的化学反应产生电流。制造电池很容易，因此很快欧洲各地都开始进行电的实验。

还有一样东西和带电体的现象类似：磁铁。古希腊人发现，某些石头可以吸引铁。这种石头即磁铁。大多数人都认为，第一个研究磁铁的人是米利都的泰勒斯。

不过，首先发现磁铁用途的是中国人。他们发现，把较长的磁铁悬在一根细线上，磁铁的一端总是指向北方，后来制成了第一个指南针，利用它，能在开阔的海洋上找到正确的航线。在阿拉伯人使用之前，中国人已经借助指南针航行了几百年。欧洲人也许是通过阿拉伯人了解到指南针的。在中世纪，指南针受到了欧洲海员们的欢迎。只有在指南针的帮助下，人们才能穿越海洋进行探索旅程，因此我们将它看作是人类发明中最伟大最重要的一项。

当欧洲科学家们开始研究电的时候，他们对磁铁也产生了兴趣。很明显，磁铁在很多方面都和带电的琥珀类似。磁铁可以吸引铁质的物体，比如说铁钉，磁铁还可以通过某种力量来影响其他物体。

磁铁的力量也可以是反向的。如果将两块磁铁以相同方式摆放到一起，就会看到，它们相互排斥。

19世纪，科学家们意识到，电和磁铁的相同作用并不是出于偶然，二者之间一定存在某种联系。1820年，丹麦人汉斯·克里斯蒂安·奥尔斯德进行了一项简单实验。他把与电池连接的铜线放到指南针上。指南针上的针指向北方，停留在应该所处的地方。可是，一旦充上电流，指南针便开始旋转，和铜线平行。断开电流后，指南针又回到北方。很明显，电流也能产生磁性，奥尔斯德以此证明，在电和磁之间真的存在某种联系。

一位法国科学家在一年之后利用了这项知识。多米尼克·弗朗西斯·阿拉贡将一段长电线绕在铁环上。当他把电线和电池连接的时候，看到电磁非常强。磁铁的这种形式，即在电流通过的时候才出现磁性，被称为电磁。阿拉贡制造出来的电磁能举起一吨铁。

到目前为止，这些知识还没有带来太大用处。为了制造出电流，还是得依赖伏特发明的电池。电池必须充满腐蚀性的酸，放置到较大的玻璃瓶中，适合用于实验。情况没有什么变化时，只有科学家对电充满兴趣。

米歇尔·法拉第知道了奥尔斯德的试验后，巨大的变化出现了。法拉第1791年出生于英国。他的父亲是名铁匠，母亲是农民，家庭贫困到一周只能以一个面包为生。当时大多数科学家都是出身于富裕家庭，一个只学习了读书、写字和计算的年轻人根本没有机会进入大学学习。

米歇尔·法拉第14岁的时候开始跟着一位图书装订匠做学徒。和其他学徒不同的是，他如饥似渴地埋头读书，只要是作坊里有的。其中著名的《不列颠百科全书》中关于电的一篇文章深深吸引了他。他找来旧瓶，做了一块电池，开始进行实验。法拉第立志要成为一名科学家。

一天，他偶然得到一张当时最著名的英国化学家汉弗里·戴维到大学讲座的入场券。法拉第记住了这位大师的每一句话，并用笔记写出了一本书，邮寄给了戴维。戴维很惊讶，在自己的实验室缺乏人手的时候，他安排法拉第做他的助手。因此也可以说，米歇尔·法拉第是戴维最重要的发现。

法拉第很快就证明自己是个有才干的研究者。他29岁时读到奥尔斯德的实验，引发了他的好奇心。他把所有的知识串起来，提出了一个简单的问题：如果电流能产生磁性，反过来是不是也可以呢？磁铁也许可以产生电流？

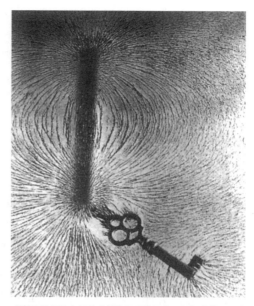

磁铁和铁钥匙之间的磁性作用用铁屑表示得很清楚。虽然区域边界是由磁铁造成的，但是钥匙改变了铁屑的走向。

1831年秋，米歇尔·法拉第用铜线把一个铁环缠绕了好几圈。线的两端连接到电表上。法拉第把一块磁铁穿过铁环，看到电表有显示。磁铁再次穿过铁环时，电流通过导线。法拉第的设想是正确的：磁铁可以在铜线中产生电流。但是只有在磁铁或者铜线运动时才行，如果两者都保持静止，就没有电流产生。

无论如何，这是制造电流的一个新方法。法拉第考虑，是否还存在比推动磁铁穿过铁环更简单的方法。他设计了一个装置，让铜线圈在磁铁两极旋转。和法拉第猜想得一样，在旋转的过程中，电流穿过了铜线圈。仅仅这个运动就能产生电流了。

米歇尔·法拉第不仅做出了重大发现，他还发明了制造电流所用的首个机器。如今，这种机器叫作"电机"，自行车则和法拉第的设计有很多的相似之处。制造电机并不难，它能产生很多电流。电机越大，产生的电流也越多。如果功率强大的蒸汽机和大型电机连接起来（这就被称为发动机），就能按需要产生电流。

第十九章

电力发明

　　很快，第一项电力发明就面世了。科学家知道，电流运动很快，如果将电表连接到一段导线上，并将导线连接到电池上，测量仪器立刻会有反应，即使在离电池距离较远的地方。

　　德国和英国有同样多的科学家在研究，人们是否能够将信息传递到很远的地方。如果在导线的另一端有一个带有指针的测量工具，快速开启和关闭电流，就能给那一端的人传递简单的信号——他看到指针在颤动。后来，人们发明了电报。1844年，从伦敦出发，沿着新的铁路线和其他大城市都建立了电报接收点。

　　1835年，美国人塞缪尔·莫尔斯就听说了欧洲的实验，并委托两个工程师——约瑟夫·亨利和阿尔弗雷德·威尔改进这个方法。他们取得了成功。莫尔斯虽然只投入了资金，却获得了改进方法的专利，因此，直到今天专利还在他的名下。

　　在摩尔斯的电报中，人们用一个小按键来开关电流。电报导线的另一端有类似的按键以相同的速度上下活动。威尔发明了简单的字母表，用长短不同的电流信号来表示各个字母。短信号被两个按键作为一点写到纸条上，长信号写成一杠。在莫尔斯的字母表中，字母A就是一点加一杠：·－。

　　电报能让信息快速传递到远方。在发明铁路之后，生活在远处的人们要获得信息和重要消息还需要几天时间。如果中间隔着海洋，蒸汽船便是最重要的信使，将重要信息传递到对面可能需要几周的时间。

　　因此，1866年架设于大西洋底部的第一批电报电缆，对于快速传递消息起着至关重要的作用。在不到1秒的时间，消息就能以莫尔斯符号的形式在英国和美国之间得到交换。电报信号从英国出发，通过电缆传递到法国，再

符号	对应字母	符号	对应字母	符号	对应字母
·—	a	—·	n	···——	3
·——·—	á	———	o	····—	4
·—·—	ä	———·	ö	·····	5
—···	b	·——·	p	—····	6
—·—·	c	——·—	q	——···	7
————	ch	·—·	r	———··	8
—··	d	···	s	————·	9
·	e	—	t	—————	0
··—··	é	··—	u	·—·—·—	.
··—·	f	··——	ü	—·—·—·	;
——·	g	···—	v	——··——	,
····	h	·——	w	———···	:
··	i	—··—	x	··——··	?
·———	j	—·——	y	—·—·——	!
—·—	k	——··	z	·—··—·	"
·—··	l	·————	1	·————·	,
——	m	··———	2	—··—·	/

莫尔斯字母表

由法国传递到整个欧洲。

许多电方面的发明让交流变得更为简单：1861年，德国人约翰·飞利浦发明了电话；1876年，美国人亚历山大·格拉姆·贝尔改进了电话机，使它能全天候使用；1896年，意大利人古列尔莫·马可尼发明了无限电报，带有电波信号，其他人又由此发明了广播；1925年，苏格兰人约翰·罗吉·巴尔德和德国人奥古斯特·卡罗路斯转播了首批电视图像。到了今天，在事情发生之后，我们立刻就能知道一切情况。通过电报和随之而来的发明，我们对自己生活的地球比祖先们了解得更多。但是，没有人像托马斯·阿尔法·爱迪生那样对电进行了如此全面的研究。他一共有1000多项发明，其中最重要的就是白炽灯。

很难想象，如今的世界要是没有白炽灯会怎样。19世纪中期，人们还主要用蜡烛、油灯、柴火作为家中的光源。有钱人会购买煤油灯，或者使用可燃气体的火焰。其他支付不起的人，只好天黑后就上床休息。这些光源常会造成火灾，住房也被烟雾熏黑。

用电线做实验的研究者发现，电线和电机或者导电的电池连接时，会变热，在一定程度上，细细的铜线甚至能灼烧起来。电线只能发光一小会儿，然后熄灭，因为电线温度太高熔化了。

许多人徒劳地尝试借助灼烧的电线发明新的光源。1854 年，德裔美国机械师海因里希·戈贝尔制造了第一个白炽灯灯泡，但是很快就坏掉了。托马斯·阿尔法·爱迪生最终获得了成功。

爱迪生 1847 年出生在美国，童年的一场疾病使他失去了听力。因为老师认为他智力落后，所以被学校拒绝。但他的智力并没有问题，于是母亲在家里亲自教他。爱迪生对科学和技术很感兴趣，读了很多书，做一些小发明，也进行实验。由于家庭贫困，想上大学也是不可能的，12 岁的时候他就必须出去找工作。

15 岁时，爱迪生找到了一份电报员的工作。任务是把客人要传递的信息用按键输入到莫尔斯设备中。爱迪生不断积累经验，1869 年制造出了一个改进过的电报模型。

这项发明非常成功，他把赚来的钱又投入到其他发明中。

其中的一个就是新的光源。爱迪生努力研究，因为他知道，穷人家里的光线有多昏暗。1879 年他解决了这个关键问题：打开电路时，白炽灯丝会快速熔化。爱迪生意识到，必须用铜以外的材料来做灯丝，他尝试了大约 6 000 多种材料，从金属铂到植物纤维。1879 年 10 月 21 日终于有了突破性进展，灯丝持续 40 个小时发光。

这种灯丝是碳化的竹纤维，并不是金属线。爱迪生把灯丝放到梨形的玻璃容器中，下面带有金属螺口。今天的白炽灯和爱迪生发明的仍旧十分相似。在模糊的玻璃后面是一根细细的导线（如今由金属钨构成），通电后能明显发光。

但是，此时的爱迪生遇到了新问题：家里仅仅有白炽灯，没有电也没有办法照明！于是他在纽约建立起美国第一家电厂。发动机由蒸汽机驱动，电厂发出的电由电线供应到人们家中。1882 年 9 月 4 日下午 3 点爱迪生电厂的

托马斯·阿尔法·爱迪生用轰动性的方法来展示和推销自己的发明，图中就是 1884 年 10 月 31 日发生在纽约的著名的灯光游行。1882 年成立的纽约电厂中，250 名工人每人头上的帽子都带有一个爱迪生发明的灯。所有工人都由一根电缆和制造电流的蒸汽机连接。

前 25 名顾客家中的白炽灯亮了。

在德国，西门子和哈尔斯克公司 1866 年和 1875 年对发动机进行了决定性的改进，从 1885 年起，德国也修建了公共电网。

爱迪生总是说，他要发明有用的东西来赚钱。他知道，没有奥尔斯德和法拉第的研究，他永远不可能发明出白炽灯，但是大学里的科学家们无法理解，人们真正需要的是什么。

自从爱迪生的时代以来，我们一共有两种科学家：一些不断探索自然的真理，另一些利用现有的知识进行发明创造。探索真理的过程被称为基础研究，主要在大学校园里进行。利用知识发明创造被称为应用研究或者研究和开发。如今，大型公司如微软、索尼或者西门子都在进行应用研究。

第二十章

电磁波

米歇尔·法拉第在发明电机之后，又开始全心研究电和磁。由于电能产生磁，磁又能产生电，法拉第认为，电和磁之间存在着某种关联。

米歇尔·法拉第是一个有才华的科学家，但他有限的数学知识却是个大问题。在某些方面，他和数百年前的伽利略一样：做出了重大发现，但却不能精确地描述自己的发现。法拉第迫切需要一个像艾萨克·牛顿这样天才般的人。牛顿不光断定事物背后存在着自然规律，并且还说明了这些规律。

数学家詹姆士·克拉克·马克威尔很久以前就让法拉第感到惊讶。他在法拉第的实验上投入了大量的时间和精力，并且把牛顿的微分应用到的实验中。这样一来，他提出了4个数学公式，能揭示电和磁之间的关联。这些公式于1864年公之于世，被称为马克威尔等式。

具体的公式我就不再赘述了。马克威尔等式一直十分难懂，必须在大学学习多年，才能弄懂它们。下面我介绍一下公式说明的问题。总的来说，公式表明法拉第的观点是正确的：如果存在磁力，也总是存在电力。两种形式的力实际上只是一种力，即电磁力。因此，电流能起到磁的作用，而磁性能产生电流。

马克威尔并不满足于这一点。他更加认真地审视自己的等式，发现了其中关于自然的全新信息，在此之前从未有人发现。比如说，等式表明，磁铁和电流都能产生射线。电流打开的时候，射线从导线出发，散布到各个方向。

马克威尔称这个现象为电磁放射，并用自己的等式计算出射线运动的速度。从结果看，速度非常快：准确地说是 300 000 千米／秒！

当时人们已经测量出光线传播的速度，电磁放射的速度和光线传播速度相同，绝对不是偶然。我们看到的光线，一定是电磁放射的某种表现形式！

很难描述这种放射看起来是什么样子。我曾说过："艾萨克·牛顿认为，光线由微小颗粒组成；荷兰人克里斯蒂安·惠更斯则认为光线是一种波。"马克威尔的计算方法证明，惠更斯的看法是正确的。光线的确是一种波，但是这种波和惠更斯所想的不尽相同：这是一种电磁波，能以很快的速度穿越空间。

马克威尔等式和其他科学思考中常常应用到的方法，我们认为很抽象，但大脑却可以立刻理解它。我们或者借助数学来理解，或者将自然界中的类似事物和抽象的想法相比较。

我在理解电磁波的时候喜欢想象出一片湖水。假设我们在一个晴朗的秋日，坐在湖边，水面平静。我们朝湖中扔一块石头，可以看到，石块落入水面的地方周围，都有波纹荡开，形成较大的圆，很快就到达湖岸。

湖中的波纹说明了关于电磁波最重要的问题：波的大小不等。朝水中扔不同大小的石头，看到的波纹大小也不一样。波纹的大小可以测量。一般人们测量两个相邻波峰之间的距离，这个距离被称为波长。把大石块和小石块分别扔到湖中，就能看到波长不同的波纹。

所有的波，包括电磁波，都有波长。马克威尔提出等式时发现，不同颜色的光是由波长不同的波组成。水波有几厘米或者一米长，和电磁波存在巨大差别。红色光线中两个波峰之间的距离只有 750 纳米！在我们的小手指甲上就能存在上亿个红色波峰。黄色光线、绿色光线和蓝色光线的波长更短。紫色光线的波长最短，只有 400 纳米！

换个角度看马克威尔等式会更有趣。因为它们表明，有一些射线的波长比可见光线的波长更大或者更小。那么完全有可能存在电磁放射的未知形式，也就是比红色更红，或者比紫色更紫的光线。

1879 年，马克威尔去世，终年 48

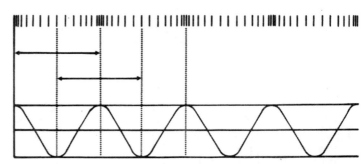

各种波都由波峰和波谷组成。人们可以测量从波峰到波峰的波长（上方的箭头），或者测量从波谷到波谷的波长（下方的箭头）。1 秒钟之内，经过某一点的波浪数量被称为频率。如果把频率和波长相乘，就得到波的运动速度。电磁波从地球到月球再返回所需的时间是 2.5 秒。

岁。当时还没有捕捉这些神秘射线的工具，德国人海因里希·赫兹首先做到了这一点。1885 年，他用了两根相距几米远的导线，导线并未连接起来。每个导线都由两部分组成，之间分别有小小的间隙。

赫兹通过一根导线产生电流，一股强烈的火花就从导线的一个部分传到另一个部分。正好在这个时候，赫兹可以观察到第二根导线中的火花。在多次重复实验之后，他明白了一件事：一根导线散发出看不见的电磁波，能在第二根导线中激起火花。海因里希·赫兹发现的正是我们今天所说的电波。后来，人们又发现，电波就是波峰相隔数米的电磁波。

1895 年，即海因里希·赫兹去世一年之后，年轻的意大利人古列尔莫·马可尼在阿尔卑斯山的一家旅馆里彻夜无眠。因为他听说了赫兹关于波的发现，深受吸引，不断思考如何能从这项发明中带来实际好处。他知道，人们在发电报时用铜线传递电子信号，如果能用带有电波的导线产生火花，就一定能把莫尔斯符号从一根导线传递到另一根导线。

马可尼花了 2 年的时间设计一种装置，把赫兹电波传到很远的地方，并在远处接收赫兹电波。一开始，只能在几百米的距离内进行，后来距离越来越长。1897 年，马可尼成立了开发和销售无线电波的公司。和爱迪生一样，马可尼也是一位聪明的生意人。他让英国皇室来试用自己的装置，报纸上自然出现了铺天盖地的介绍。

对新发明表现出极大兴趣的是海运业。在陆地和船只之间无法铺设导线，只要船只离开人们的视线，就中断了联系。因此在短短的几年

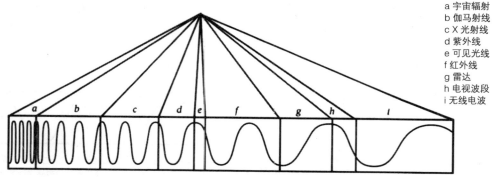

a 宇宙辐射
b 伽马射线
c X 光射线
d 紫外线
e 可见光线
f 红外线
g 雷达
h 电视波段
i 无线电波

电磁波的整个带宽被称为电磁光谱。图中给出的波长并不是按比例构成的，因为最右侧的无线电波有好几百米的长度，而左侧的伽马射线波长非常小，几乎看不见。

之内，大型船只都配备上了马可尼的设备。而且有了被称为电报员的专业工作人员，也称为报务员，这个词表明，第一批无线电报是如何在船只上实现的。

随后，人们取得了一次又一次的成功。1906 年，美国人雷吉纳德·菲森登用无线电波将音乐和诗朗诵传送到几百千米之外的地方。1920 年 9 月 2 日晚上8 点，纽约开始定期播放广播节目。而第一段德国广播节目出现在 1920 年 12月 22 日。马可尼在 1937 年去世的时候，收音机已经遍布全世界的各个角落。

大约在无线电波改变世界的同一时间，另一种不可见的波给医学的发展带来了突破。1895 年，德国研究者威廉·康拉德·伦琴尝试通过其他方式传送电流。气体位于玻璃管道中，为了看到电流穿过气体时发生的具体情况，伦琴用某种化学混合物在一张纸上画出痕迹，把纸放在玻璃管旁边，纸就会发光。

伦琴拉上了实验室的窗帘，目的是更好地看到纸的光线，然后打开管道中的电流，将纸片放到玻璃管旁边，此时意外的事情发生了！虽然纸片离玻璃管还很远，但已经开始发光。电流关闭之后，纸片的光线也退去。这是伦琴没有预料到的。他认为，让纸片发光的射线只存在于玻璃管附近的地方，但是似乎整个实验室里都有这种射线。

伦琴还进行了一些实验。他发现，未知的射线（他取名为 X 射线）能穿越厚纸板、木材和肉类。坚硬的物质如金属或者骨头则将射线阻挡在外。

伦琴最重要的实验是：请求自己的夫人把手放在一张相纸上，将射线对准手部。照片冲洗出来以后，手的骨架清晰可见，而手指上的肉却无法看到。

伦琴知道，这项发现具有重大意义：X 射线能看到人体内的骨头。那时候，如果有人骨折，医生只能通过触摸的方式来诊断。但现在，人们有办法看到骨折的具体位置了。人们争相谈论这项发现的时候，医生立刻就开始使用"伦琴照片"（在许多语言中，出于对发现者伦琴

伦琴，他发现了 x 射线，从而开创了影像学，使医生不必开刀便可看到身体内部的病变，引发了现代医学的新革命。

的尊重，现在还把 X 光称为伦琴射线，在德国也是这样）。最终，这项技术传播到世界各地的医院，如今，没有哪家医院没有放射科。

伦琴意识到，他的射线和光线一样由电磁波组成。人们也可以测量伦琴射线的波长。波峰之间的距离小到不可想象：比一纳米还小，比红色光线的 1/750 还小。

很难想象，无线电波、可见光线和伦琴射线差别如此之大，虽然它们的差别仅仅在于波长不同。同样，当时发现的其他电磁波也是如此：伽马射线、紫外线、红外线和微波。

19 世纪末期，许多科学家都有过于美好的展望。在出现众多重要发现和发明之后，他们相信，所有值得了解的东西都已经被人类发现。牛顿定律、马克威尔等式和其他许多自然规律基本上可以解释自然界中发生的各种现象。而有待解释的那些事物，他们一定能在未来几年内找到答案。

不过，在探索真理的过程中，我们逐渐了解到，总会遇到一些意外。有时候意外隐藏在一个看似简单的问题中。比如说，对于和电有关的两个问题，没有人知道答案。问题之一是：究竟什么是电？

电的发明虽然让人们的生活更加丰富，但是研究者仍旧无法统一意见，到底电是一种流体，还是由微小颗粒组成，或者电由其他物质构成？

第二个问题是：电磁波为什么会运动？人们很容易看到水中的波浪运动，因为水面在上下起伏，但是没有湖就没有波浪。

那时候，科学家已经知道宇宙空间中没有空气。也许地球和太阳之间什么都没有。但是太阳的光线是如何通过什么都没有的空间传播到地球的呢？一定存在一种物质能让光线在其中上下起伏，就和湖面一样！

多年以后，物理学家终于找到了这两个问题的答案，它们带来的不仅仅是惊讶，还带给人们一幅全新的宇宙画面。

第二十一章

生命树

对于 18 世纪的科学家来说，宇宙几乎是由数学公式主宰的，似乎发生的任何事情都可以用数学公式来计算，且能够计算到最精确的程度。

这个观点被称为"机械主义世界观"，因为信奉者将宇宙当作一个盲目服从自然规律的巨大机器。这个世界观引起了许多问题：其中之一就是有一类科学家无法发现简单的自然规律。他们是生物学家，研究我们星球上生活的、生长的、浮游的和爬行的一切生物。

有许多生物都超乎了我们的想象，它们似乎并不遵循简单的自然规律。天文学家想描述太阳系中的行星如何运动的时候，可以借助牛顿的重力定律和一些数字。生物学家想描述森林中发生的情况时，会涉及上百种不同的植物和动物类型，它们都以不可预见的不同形态出现。天文学家可以计算出木星在 1000 年之后的位置。但是没有生物学家能知道，一只蜻蜓下一刻会飞向何地。

植物和动物的世界错综复杂，毫无头绪。探险家在非洲、大洋洲、亚洲和美洲不断发现了新的生命形式之后，形势更为复杂。生物学家们无法跟上新发现的步伐。

他们的当务之急是建立一个系统，能提供所有生物的概况。亚里士多德曾试图将动物和植物分类，但是一直没有进行更多的研究。一些书带有动物和花朵的图片和描述，但没有人能改进和细化亚里士多德的分类。

最终，瑞典人卡尔·冯·林耐带来了转机，人们也称他为林耐伍斯。他出生于 1707 年，对花卉十分感兴趣，8 岁的时候已经有了"小植物学家"的称号。林耐在瑞典学医，但主要精力集中在植物学（关于植物的科学）上面。他的前辈主要满足于描述植物的颜色和形态，林耐则不同，他研究植物的各种特性。他进行了多次实地考察，不断发现和认识新的植物，通过这种方式获得的知识帮助他建立了一个新的植物分类系统。林耐的书《自然体系》于1735 年出版，书中描述了新系统。

他将带有相同属性的一组生物称为一个生物属。植物中的属性可以是树叶或者花瓣（如果对象是花时）的形状，又或者是植物繁殖的方式。而动物的属性则包括皮毛上的斑点、角、耳朵的形状和不同的生活方式。

同一属的雄性和雌性可以相互交配，繁衍后代。不同属的动物很少一起繁衍后代，因为幼仔不能自行繁殖。虽然狗有不同的外形，但是都属于同一个属。因此，外形不同的狗也可以一起生育幼仔。

卡尔·冯·林耐观察到，许多属之间有相似性。他把这类属集中起来，称为种类。借助属和种类，林耐可以将所有动物和植物分类。之前人们命名一种动物或者植物完全出于偶然。不同的地方有不同的叫法，这让植物学家们伤透了脑筋。林耐则给每种动物和植物都赋予了由两部分构成的科学名称。名字的第一部分表明属所在的种类，第二部分则是属本身的名称。名字是拉丁文的，方便所有的研究者理解，不管他们生活在哪个国家。

如今我们在自然界中看到的所有生物都有两个名字，例如，春天开放的地钱，拉丁文名字叫作 Hepatica nobilis。一个属的名字写法大约和电话簿中的名字相同，首先是整个家族的姓氏，然后是个人的名。这是个巨大的进步。生物学家终于拥有了固定的规则来了解自然的多样性。这个方法非常有效，林耐为 16 000 多种植物和动物进行了命名。

他的继承人继续进行这项工作，为其他动物和植物赋予学名。同时，他们还建立了一个系统，将地球上的所有生物划归到更大的组别中。可以拿狮子来解释，所有的狮子都属于属 leo，又属于种类 Panthera。狮子的学名就是 Panthera leo。老虎的属，也属于种类 Panthera。而这个种类又属于更高的类别，称为科。所有与猫类似的动物，从家猫到山猫，再到狮子，都属于猫科。

在动物世界中有许多科。其中猫科和狗科有一个共性：两个科的动物都有尖利的牙齿，食肉。因此，它们又属于更高级的组别——目。猫科和狗科，以及熊、土狼和其他动物都属于 Carnivora 目（意思是食肉动物）。

食肉目的所有动物都和人类、牛、大象和鲸鱼有共性：幼仔是胎生的，并先以奶喂养。这种动物同属于另一个类别——纲。这里所说的就是哺乳动物纲。鸟类、爬行动物和鱼类也有自己所属的纲。

哺乳动物、鸟类、爬行动物和鱼类也有共性：它们都有脊椎，而昆虫和蜗牛等则没有。有脊椎的动物属于更高一级的类别，即谱。这里所指的就是脊索动物谱，或者脊椎动物。昆虫和甲壳类动物没有脊椎，它们的"骨架"就是包裹身体的外壳，因此它们也叫作无脊椎动物。

自然界中最高一级的分类将生物分成两类，一类是可以活动的，呼吸氧气；另一类是不能活动的，呼吸二氧化碳。所有的脊椎动物和无脊椎动物都属于另一个类别，即领域。"我们的"领域叫作动物领域，绿色植物则属于植物领域，还有蘑菇领域和其他两个领域。

我知道，这些类别看起来十分复杂，但是可以将整体设想成一棵树。地球上的生命构成树根。从树根生长出许多粗粗的树干——大领域。树干上生

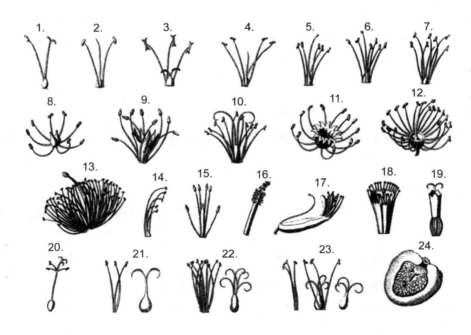

卡尔·冯·林耐精确地按照雄蕊和雌蕊的数量及构造来划分所有显花植物。第24种是包括带有隐藏生殖器官的植物。剩下的23类中又分为两类，一类是3种（21～23）带有分开的雄蕊和雌蕊的，另一类是20种带有两性花的。这20种又分为自由雄蕊（1～15）和雄蕊自行生长或者和雌蕊混合生长的。然后，自由雄蕊的类别还可以根据雄蕊是否长度一致（1～13）或者长度不一致（14、15）来细分。前13种还可以按照雄蕊的数量和位置来区分。这是件费工夫的事情，但是却提供了精确定位某种植物的科学证明。

出许多细枝，每一根树枝都是一个谱。每个谱上生长着许多纲，而纲里有更小的目和科。从外部看到的最细小的分支是属。属的数量达到几百万之多，告诉我们生命树实际上是多么庞大。

生物学家在 19 世纪初已经知道很多相关知识。但他们无法达成一致意见，究竟这些类别意味着什么。一些类别的名称，如科和种，表明动物本身是有亲缘关系的。

但是大多数生物学家还是相信，上帝创造了属，并且让各种属彼此相似，因为上帝希望看到这种情况。林耐就是其中一个。属从过去到现在一直保持不变的状态，也会永远保持下去。

《圣经》中虽然没有关于自然界系统的内容，但是却可以说明"上帝的决定不可测"，也就是说，我们人类并不总能理解上帝的意图。如果上帝希望如此众多的猫科动物相互类似，那我们也只好接受这个事实。

可是，几个世纪以来，人们已经在石块中发现了植物和动物的痕迹。在中国的一些地方还经常出现石化的骨头残迹——叫作化石——中国人称之为"龙骨"，他们将其磨成粉末，混合到药品中。里奥纳多·达·芬奇是第一位保存死去生物遗体化石的人。

19 世纪初期，人们首次发现了真正的大型动物化石。这些骨骸让人想到了蜥蜴，但是它们看起来比蜥蜴大许多。石化的"蜥蜴"体形巨大，有锋利的牙齿。研究者给它们起了个学名叫恐龙。从此，恐龙一直吸引着人们的注意，总是被当作妖怪。

然而，生物学家很难解释这些动物是如何陷入数米深的石层中的。一种常见的解释是，《圣经》中描述过的洪水将恐龙淹没了。后来，它们就停留在泥泞和石头中，随着时间的推移渐渐变成了石头。可是它们不可能是在很久以前灭绝的。17 世纪的一位英国主教曾计算出世界被创造出来的时间。他得到的结论是，上帝在公元前 4004 年 10 月 23 日创造了世界。那么很明显，恐龙在灭绝以前并没有在地球上生活多长时间。

1830 年，英国人查尔斯·莱尔出版了一本名为《地理原则》的书。莱尔是名地理学家，他想要了解历史进程中地球的发展。他研究了欧洲许多地方的地貌，看到了时间带来变化的痕迹，比如河流冲出了山谷，新的山脉形成等等。

莱尔相信，大多数地貌的变化都是缓慢的、一步步发生的。比如，河流要冲出一个山谷，需要上千年的时间，火山的岩浆需要喷发上万年，才能形成一座新的山。

莱尔假定，地球已经有几百万年的历史。从这个假设出发，在《圣经》中描述的时间之前，还存在一段相当长的时间。莱尔相信，在这段史前时间里已经存在生物，但后来灭绝了。化石可能就是这些生命形态的遗骸。由于化石通常存留在厚厚的岩石层中，用之前的假定就可以很容易解释。

一个名叫查尔斯·达尔文的年轻人读到莱尔的书，被深深吸引。他出生于富有的医生家庭，在大学学习了医学和神学，但却不想成为医生或者神父。查尔斯不愿意埋头苦读，更愿意亲自去发现事物。父亲十分担心，认为他将一事无成。但是在田地和森林中的漫步并不是一无是处，查尔斯对发现的一切都十分感兴趣，他主要研究昆虫，并收集了很多标本。

1831 年的一天，他听说一艘即将航行世界的船还需要一个人手。查尔斯心动了，并决定行动起来，开始其关于自然科学的探险！他说服父亲让他参加。1831 年的 12 月 27 日，查尔斯如愿以偿，随"猎犬号"前往南美洲。

漫长旅途的第一站是西班牙。达尔文第一次看到了热带雨林，被眼前无数颜色鲜艳的植物和动物强烈吸引。他立刻开始收集各种植物和动物，放到箱子里，让人带到英国。在巴西，他还发现了巨型树懒科动物的颅骨化石。

由于达尔文读过莱尔的书，所以他假定，巨型树懒科动物属于一个几千年前已经消失的种。他不相信洪水是动物灭绝的真正原因，而是想到了饥饿或者天气的变化，比如冰川时期。

"猎犬号"于 1835 年到达厄瓜多尔的加拉帕戈斯群岛，位于太平洋中的秘鲁海岸附近。达尔文在这里做出重大发现：在距离大陆几千公里远的岛上，有 13 种雀类，即一种体形小、类似麻雀的鸟。加拉帕戈斯群岛上的雀类和达尔文在陆地上看见过的外形一样。

它们十分相似，但是鸟嘴的形状不同。一些雀类的鸟嘴短而有力，能弄碎谷物的外壳，而另一些雀类的鸟嘴细而长，适合捕捉昆虫。

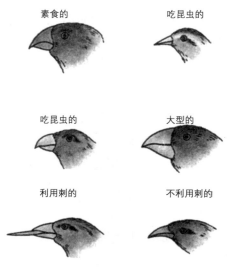

素食的　　　　　　　吃昆虫的

吃昆虫的　　　　　　大型的

利用刺的　　　　　　不利用刺的

3种有亲缘关系的种属，适应不同饮食的鸟嘴类型（加拉帕戈斯群岛上达尔文发现的雀类）。啄木鸟（左下）在寻找食物的时候利用刺或者仙人掌的刺作为工具。

那么 13 种几乎相同的鸟类是如何偶然同时出现在这些与世隔绝的岛屿上的呢？达尔文并不认为这是偶然现象，他想到另一点：一种雀类在几千年前从大陆飞到这片岛屿上，随着时间的推移，一种变成了 13 种。

达尔文认为，一个种属会随着时间发生变化，变成多个下一级的类别。这种想法并不新鲜。米利都的泰勒斯有学生曾认定，地球上的生命有各种存在形式。18 世纪，达尔文的祖父用一首很长的诗描述了变化的物种。1809 年，法国生物学家让·巴蒂斯特·德·拉马克在书中表明了自己的观点。但是《圣经》中并没有内容说明动物和植物发生了变化，所以这个观点没有人支持。达尔文在"猎犬号"继续航行的途中一直思考、验证和完善自己的想法。

在整个世界航行期间，达尔文向家中寄送了很多箱植物和动物，在他 1836 年返回的时候，已经成为一个著名的研究者。他写了本关于这次航行的书，提升了自己的知名度。达尔文家境富裕，能随心所欲地进行研究，而不必努力去谋取大学中的教职。

达尔文始终无法摆脱自己的独特想法，即物种会变化。对植物和动物研究得越多，他就更加肯定，相互类似的物种曾经共属于一个灭绝的种属。

他花了 20 年的时间研究世界各地的动物和植物，和多位科学家通信交流。所有的研究结果都证明了查尔斯·达尔文的观点。他完全了解了，自己的发现可能是生物学有史以来最重大的一项。

尽管如此，他拒绝向外界公布自己的研究成果。达尔文知道，教会和自己身边的人会说什么。一位年轻的研究者阿尔弗雷德·华莱士在印度尼西亚的丛林中研究动物的生活。他发现，在那里发现的大量物种都是从以前的物种进化而来的，不论是动物还是植物。他和达尔文的观点完全一致，并询问后者的意见。

查尔斯·达尔文深受震动。他认为，华莱士现在要获得此项发现带来的荣誉了。在朋友的建议下，他以最快的速度写了一本关于自己发现的书。1859年11月24日，《物种起源》面世，仅仅1天时间，所有的印本就一售而空。书激起了巨大反响，大致存在两种看法：一种认为这是个天才般的观点；另一种认为这种看法必须被禁止。

书的名字已经说明了书的内容。书中解释了新的动物物种和植物物种是如何在时间的长河中产生的，并且这个过程还没有结束。《物种起源》的主要思想是"进化论"，说明物种是在久远的时间里通过渐变产生的。

书中还举出了各种种属变化的例子。另外，达尔文还解释了这些变化是如何在自然界中发生的，这种解释被称为优胜劣汰的理论。

理论以此为开端：如果动物和动物进行繁殖，后代是同一个物种。母狮子总是生出小狮子，羚羊总是生出小羚羊。并不是所有后代都能存活下来，否则世界上很快就被动物占满，所有动物都会挨饿。大多数羚羊在成年以前就死了，因为它们成了狮子的食物。虽然所有的小羚羊都属于羚羊这个类别，但在它们之间还是存在小小的区别。一些小羚羊比另一些跑得更快。这种区别不大，但十分重要。决定哪只小羚羊能够成年的却不是偶然因素，跑得更快的更容易存活下来。让一些小羚羊比另一些更适应生活的原因，被称为"有益的属性"。

存活下来的羚羊进行交配，生出的幼仔继承了有益的属性。我们说，幼仔继承了父母的特征。因此，新生的羚羊有更大机会逃脱狮子的追逐，等幼仔长大繁殖的时候，它们的幼仔也会继承这个特性。

但这还不是全部。狮子要存活，必须食用羚羊肉。行动缓慢的狮子幼仔比那些动作灵敏的更容易挨饿。如果羚羊跑得更快，只有能追得上羚羊的狮子才能生存下来。

这就导致羚羊的优势又消失了。现在，只有跑得更快的羚羊才能逃脱新一代的狮子，才能繁殖。也就是说，羚羊又发生了一点变化。这种方式的变化持续了上千年，羚羊的变化越来越大，最后，大到产生新的羚羊种类。

在艰难的生存斗争中，更快速奔跑的能力只是众多办法中的一种。皮毛可以是很好的掩饰物，长而尖锐的角能用于自我保护。一种羚羊可以渐渐变成许多个种类，比如产生一种奔跑速度更快的，一种皮毛花纹不同的，和一种角更尖锐的。这样一来，一个物种就产生了多个新的物种。

另外，猛兽不是威胁羚羊的唯一因素。天气变化的时候，羚羊的食物也许会首先消失。随后，其他特性帮助羚羊来适应生活。自然不断发生变化，因此，物种也必须不断变化，才能继续生存。

达尔文知道，自然界中的所有植物和动物都符合这个规律。到处都存在着不同物种、不同物种的所属类别之间的生存竞争。生存竞争是残酷的：胜利者活下来，繁衍后代，失败者死去，甚至灭绝。自然界自己选择让什么物种存活下来，达尔文把这个过程叫作"物竞天择"。自然界的优胜劣汰使得不断有新物种产生，旧物种消失。

通过这种方式，生物学家描绘出的巨大生命树也找到了合理解释。狮子、

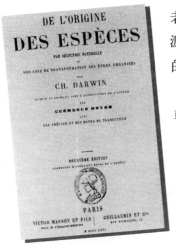

《物种起源》书影

老虎和家猫具有相似性，也不是偶然的。它们都源自消失已久的"猫的祖先"。对于其他彼此相似的动物和植物来说道理也是同样的。

生命树在许多方面让我们想到一棵真正的树：朝着各个方向生长，旧枝条枯萎，不断产生新的生命分支。通过这种方式，进化论也解释了恐龙化石的形成：在生存竞争中失败的种类的残骸。生命树上，恐龙的这一支在几百万年前就消失了。

没有多少科学理论像进化论这般引起了巨大反响。欧洲和美洲都出现了宗教信徒和达尔文进化论信徒之间的大讨论。其中最大的分歧在于达尔文《物种起源》中并未写到的内容。他认为，人类也是逐渐进化形成的，但是却没有写在书里，因为他清楚会引起严重的后果。直到1871年他才鼓起勇气出版了《人类起源》这本书。他在书中详细叙述了人类是由类人物种进化而来的理论。

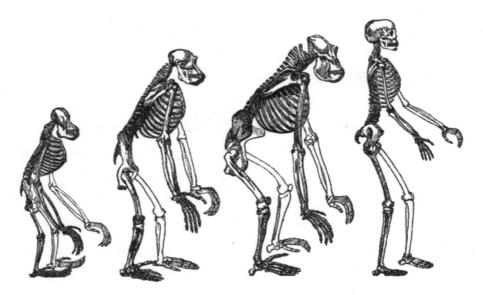

如果比较3种类人猿——猩猩、黑猩猩和大猩猩（从左到右）与人类的骨架，可以很明显地看到相似性。类人猿的牙齿数量和人类一样，都有薄薄的鼻中隔，类似的手部，并且大拇指都能活动，半直立的姿势，没有尾巴，类人猿从卵到成年的发育阶段基本和人类相似。不同之处在于，人类完全直立，手和身体之间的距离更短，头盖骨以及大脑明显更大更重。达尔文谨慎地给出结论："我们不能错误地假定，猴子和人类共同的祖先就是存在于现今的某一个猴子，或者是和它相似的某个猴子。"

　　书出版不久，就遭到误解。他的批评者认为，达尔文在宣称人类是从现在的猴子变来的，并且大猩猩才是真正的原始人类。但是实际上，达尔文却写道，几百万年前存在一个物种，既不是猴子也不是人类，和加拉帕戈斯群岛上的雀类一样，这个物种的后代朝着明显不同的方向发展—— 一部分进化为猴子，另一部分进化为人。进化为猴子的那部分又分出了黑猩猩和大猩猩两个分支，而进化为人的这部分则终止于智人——现代人的学名。

　　进化论能解释出，为什么猴子和人类如此相像。1856年在杜塞尔多夫的尼安德特发掘出的化石也因此有了合理的解释。在尼安德特发现的是一种特殊的人类骨架：骨头比普通人厚，头盖骨的形状也不一样。

　　类似的化石出土物证实了研究者的假设，这是已经灭绝了的人种。这个人种就被人们按照化石的发掘地"尼安德特"来命名。自此以后，古生物学家（专门研究灭绝的生命形式的科学家）还发现了其他已经消失了的人种。我们可以相当肯定地说，人类的祖先是和猴子类似的物种，在很多年前曾生活在非洲。

对进化论的另一个误解是把它扩展到人类社会。由于自然界中总是体积更大、体格更强壮的动物能存活下来，许多人理所当然地认为富有人群支配贫困人群，白种人支配非洲人和亚洲人。

有一些研究者和哲学家认为，人类之间的差别基于一种自然的选择，可以和自然界对动物的选择相比较。这个设想也被称为"社会达尔文主义"，因为信奉这个观点的人把达尔文的理论应用到社会中的人际关系上。

我讲述这一切，是因为它们在 20 世纪初造成了严重后果。阿道夫·希特勒（后面我们还要提到）的追随者就信奉社会达尔文主义的某种形式。对他来说，只有两种人："上等人"和"下等人"。德国人和其他欧洲民族都是上等人，犹太人、黑人、一些亚洲民族以及斯拉夫人都是下等人。上等人就如同大草原上的雄狮，下等人就如同羚羊。如此一来，上等人自然要支配控制下等人。也没有任何原因说明，上等人为什么不应该消灭下等人。

达尔文像

希特勒在第二次世界大战期间屠杀了数百万人。人类历史上，第一次有某种科学理论被利用，成为战争和暴力的借口。社会达尔文主义给大多数研究者上了重要的一课：科学并不能回答所有的问题，自然科学只能尝试回答关于自然的问题。

当然，科学家做出的许多发现都对社会有重要意义。但这并不表明，社会面貌必须为何。没有决定人们共同生活的自然规律。制造这些规则的，正是人类本身。

达尔文本人没有参与到书籍出版后激起的热烈讨论中。他被称为"英国最危险的人"，成为报纸、讽刺漫画和打油诗中被讽刺的对象。实际上，达尔文是个和平主义者，在自家花园里研究动物和植物是他最舒服的享受。达尔文一生都在进行研究，最后他发现蚯蚓的不可替代性，只有它们能让泥土松软，充满营养物质。这是典型的达尔文式思考方式：没有什么生命形式是不重要的，一切都是自然的重要联系中的一部分。

如今，没有研究者怀疑进化论的正确性。自然和化石都告诉我们，生命的发展历经了数百万年的时间。甚至在我们的身体里面还存在一些"活化石"，能用以解释人类源于一种类似猴子的生物。脊椎的末端有一块尾椎骨，这是一块没用的小骨头。进化论认为，这可能是人类祖先尾巴的一块残留，那时候人类还生活在树上。当这些原始人开始在地面上定居时，不再需要尾巴的辅助，因此，尾巴渐渐消失了。

进化论改变了人们的思想。达尔文展示了自然界的各个物种如何相互影响，成为生态学的创立者。生态学专门研究自然界中各个物种的共同生存。

几年以前，全世界的政治家决定维护自然界中的生物多样性。科学家已经说明，保留自然界中存在的各种各样的动植物至关重要。人类也是一种动物，进化论也适用于人类，大多数人都能接受这个观点。如果我们不能适应自然界的情况，我们也会灭绝，和之前已经消失的99%的物种一样。

进化论和牛顿定律或者马克威尔等式属于同一种理论：用简单的方法来解释自然界中无数复杂的事物。简单的物种之间的生存竞争导致了物种如鹦鹉、人类和蜘蛛之间的区别。

但是和牛顿及马克威尔不同的是，达尔文理论中的重要部分有问题。如果进化论是正确的，物种不断发生变化，那么后代必须继承上一辈的特征。人类儿童可以继承母亲的鼻子和父亲的头发颜色。达尔文却无法解释，这种继承是如何产生的。

科学家知道，如果女性的卵子和男性的精子结合，就能孕育生命。但是为什么卵子和精子能"记得"父母亲的外貌，它们用什么方式来混合这些特征呢？结合到一起变成我的精子和卵子怎么知道我看起来应该是什么样？

达尔文和其他研究者在当时都不知道，这个问题的回答隐藏在最微观的世界中。当物理学家和化学家找到了自己的答案时，生物学家在探索这个问题的进程中又迈出了一大步。

第二十二章

健康革命

写这本书的时候，我必须时不时停下来擦鼻涕，身体发热，人不舒服，整天都在咳嗽，正好和这一章的题目相符——健康。

200年前，大多数人都有严重的健康问题。许多儿童在出生之后不久就死去了，渡过了危险的童年后，又常常容易染上致命疾病，如肺结核或者斑疹、伤寒。小小的伤口可能导致各种危险的疾病，即使手指甲划伤的地方，严重的情况下也会导致死亡。

在接近18世纪末的时候，医生和研究者已经相当了解人体。他们能识别大多数内脏，并知道皮肤、肌肉和骨头由微小的"基础物质"构成，这些基础物质叫作"细胞"。他们知道，空气中有生命所必需的气体——氧气。他们也知道，我们将氧气吸入肺部，氧气流经血液，并随血液到处流动。威廉·哈维已经证明，心脏将血液压送到身体的各个部位。渐渐地，研究者也知道了人类是如何用大脑进行思考的。

但是关于疾病，我们仍旧知之甚少。比如说，没有人能说明到底什么是疾病。医生当然知道，疾病可能有传染性，如果一个人位于病人附近，就可能被传染上。另一个很特别的现象也引起了医生的注意：有些疾病人只会得一次。身体似乎有记忆力，记得曾经生过某种疾病，以后就能避免这种疾病再次发作。这些疾病主要是指人们谈之色变的天花或者水疱。当时患有这些疾病的人数众多。天花让身体上长出厚厚的水疱，病人常死于高热。活下来的人身上也会留有吓人的瘢痕。如果脸上带有天花留下的瘢痕，人们一望便知。

医生知道，天花传染性很强，他们还知道，传染物质存在于水疱中。但是天花也是一种人们只会感染一次的疾病。一些土耳其村庄中的农民就利用了这一点。他们发现，一些天花疾病比另外一些更严重。他们用针扎进病情较轻的病人身上的水疱中，然后再用这根针划破自己的皮肤，通过这种方式他们也患上了天花，但是一般病情都不严重。

18 世纪初期，英国贵族夫人玛丽·蒙塔古在土耳其逗留了一段时间。她听说了农民的做法，让人把这种避免患上严重天花的方法记录下来。1721 年，玛丽·蒙塔古夫人返回英国的时候，也把这种方法带了回去。她是一位著名的旅行家，很多人都试着用她带回的方法来保护自己。

医生爱德华·詹纳在英国中部工作，和当时的其他医生一样，他也利用了玛丽夫人的方法，但同时也意识到这个方法的危险之处，因为病人并不总是患上程度较轻的天花。有时候，天花中的传染物质不合适，不仅没有让人产生免疫能力，反而造成死亡。然而，天花的威力太让人害怕，很多人仍旧愿意去冒险一试。爱德华·詹纳发现了一个特殊的现象：如果他把马夫或者其他和奶牛打交道的人的胳膊划伤，他们几乎不会染上天花。在天花肆虐的时代，通常一个家庭的所有成员都会死去，只有饲养牛的工人幸免于难。

詹纳知道，养牛工通常患有一种和天花类似的传染性疾病，这种疾病只在奶牛间传播，因此也被称为"牛痘"。染上牛痘以后，身体上也会出现水疱，但比天花水疱的形状小，一般没有人会因为牛痘而死亡。

爱德华·詹纳对自己的病人研究了 25 年，不断观察到同一现象：牛痘能够预防天花。詹纳知道，必须进行一项实验来证明，自己的理论是否正确。

1796 年，他在一位 8 岁的儿童患者的胳膊上划了两道口子。在小小的伤口中注入了牛痘水疱的成分。一周以后，儿童略有发热，但很快就痊愈了。几周以后，詹纳又在儿童的伤口中注入传染物质——这一次是致命的天花水疱。如果儿童仍旧健康，那么证明，牛痘能预防天花。如果儿童死去，詹纳的想法就是错误的。

幸运的是，儿童仍旧健康。实验证实，人类可以用低危的方式预防天花。

詹纳称自己的技术是接种，按照牛痘的拉丁文名称命名。一开始，许多研究者都怀疑詹纳的发现，但到了18世纪末期，接种技术已在欧洲广泛传播开来。此后，人们很少看到带有天花瘢痕的面部，事实也证明，詹纳是对的。

然而，詹纳不能确定，天花传染是如何发生的。他本人将天花的病因称为"病毒"，但他却不知道，病毒的构造是什么。除了天花之外，医生在和其他危险疾病的抗争中并没有取得多大成就。19世纪中期，仍旧只有牛痘接种，而患有其他疾病的人仍旧不断死去。

探索真理的旅途就像是一场拼图游戏。研究者不知道，最终拼出的图像是什么内容，他们常常只能找到和其他人已经找到的有联系的那一块拼图。爱德华·詹纳为这幅拼图补充了一小块，而接下来的一小块，直到50年之后才在欧洲的其他地方被发现。这一次和奶牛无关，而是关系到洗手。

1840年左右，年轻的匈牙利医生伊格纳·西梅尔威斯在维也纳的一家医院的产房工作。躺在产房里的妇女在生产时需要医生的帮助。当时的产房存在一个大问题：许多妇女在生产之后会发高热，几乎1/4的高热病人都会死去。这种疾病被称为产褥热（由于产妇生产之后必须在床上休息）。没人能解释产褥热从何而来。医生只知道患病的主要是医院的产妇，在家生产的危险更小，因此准妈妈都尽量不去医院生产。

西梅尔威斯医生深信，医院中的某个条件导致了产褥热的产生。当时的大多数医生还持有古希腊时期的观点，认为疾病是通过地面上的气体引起的，因此，研究产褥热的病因毫无意义。

但西梅尔威斯仍旧进行自己的研究工作。在他的医院中有两个产房，其中一个产房死去的产妇是另一个的3倍。两个产房的设置完全相同，只是死亡率高的产房中工作的是医学生，而另一间工作的是接生婆。

因此，西梅尔威斯提出一个问题：医学生做了什么事情，接生婆又避免了什么事情？他发现了其中的重要差别。在接受教育其间，医学生还必须解剖尸体，来了解人体内脏，而接生婆不必这样做。西梅尔威斯断定，医学生在解剖尸体之后没有洗手，直接就来到了产妇身边！西梅尔威斯认为这就是产褥热的根源：尸体上有危险物质停留在医学生手上，随着医学生又进入产房。他建议医学生用清洗剂洗手。在维也纳，这种清洗剂用于保持厕所清洁。

医学生开始执行西梅尔威斯的建议以后，因产褥热死去的妇女人数降到了原来的1/10。有几个月产房里甚至出现了零死亡，在维也纳引起了巨大轰动。但是西梅尔威斯遇到了巨大阻碍，大部分医生不愿意相信，疾病是通过这种方式传播的。

后来，医学生在一段时间之后不再洗手，产妇死亡率再度升高。1861年，西梅尔威斯写了一本关于产褥热的书，寄给了欧洲的同行。但没有人听他的意见，西梅尔威斯最终开始怀疑自己，以致在诊所中被诊断为精神病患者。1865年，他死于手术时的伤口感染。他一直以来抗争的传染最终带走了他的生命。

赞同西梅尔威斯的少数医生和他有同样的问题：没人能解释洗手为什么如此重要，引起疾病的到底是什么。后来，人们找到了答案，却不是在医院里找到的，而是在一个葡萄酒桶中。

路易斯·巴斯德于1822年出生于法国城市多尔，幼时喜爱绘画，长大后却对化学产生了浓厚兴趣。后来，巴斯德成为了一名非常著名的科学家，1856年一个酿酒厂的主人来向他求助。葡萄酒窖中存放着葡萄和其他水果酿成的酒，葡萄酒是用传统方式酿制而成，人们把酒花放入果汁中。然后，果汁在大容器中保存几周，产生一定数量的酒精。从果汁变成酒精的过程叫作发酵。发酵之后，果汁成为未发酵的葡萄酒，即葡萄酒的半成品。葡萄酒还要在桶中保存很长时间，然后才能装瓶销售。

在很多酒窖中，葡萄酒在装瓶以前变酸。没有人能保证，装满了果汁的酒桶会不会变成上好的葡萄酒。葡萄酒曾经是法国生产的最重要商品之一，现在仍旧是，因此人们非常希望能有人解决这一问题。

虽然几百年来人们一直在食用酒花，但是只有少数人有兴趣知道酒花是如何发生作用的。巴斯德的时代，大多数研究者认为发酵是一种化学过程，之所以能产生酒精，是因为酒花中的某些物质和果汁结合起来。在显微镜下，人们可以看到，酒花由微小的颗粒组成，但没有人对它们进行过仔细研究。

酿酒厂的主人请求巴斯德解决葡萄酒变酸的问题，他首先拿了一小部分酒花。在研究了几个月酒花和发酵之后，巴斯德意识到，酒花的颗粒实际上是一种活的生物。它们出生、撕咬、活动，和动植物一样繁殖。如今我们把这些东西叫作酒花菌，是一种单细胞的微生物。把酒花放到果汁中，最小的酒花细胞就开始"吃掉"果汁，同时也自行繁殖。把果汁变成葡萄酒的酒精就是酒花细胞排出的物质。

为什么葡萄酒经常发酸呢？巴斯德观察到，酒花细胞在上好葡萄酒中是饱满的球形，在较差的葡萄酒中则是椭圆形的。巴斯德想道：如果微生物看起来不同，那么有可能是不同的微生物。这样他了解到，椭圆形的微生物是另一种酒花细胞，在消耗果汁的同时不排出酒精，而是排出酸性物质。如果不想葡萄酒变酸，就必须消灭这些微生物。接下来就不难了：巴斯德经过实验发现，把葡萄酒加热到50℃就能消灭所有不需要的微生物。

加热葡萄酒的技术很快就被推广到整个葡萄酒工业，葡萄酒发酸的问题很快就解决了。随后，这项技术就以巴斯德的名字命名，叫作巴氏消毒法，如果其他饮料中也出现不想要的微生物，也用这种方法来消除。如今，超市里每一袋牛奶上都写着，牛奶已经巴氏消毒。巴斯德以"葡萄酒工业的拯救者"著称，但是他却并没有停留在这些赞美之词上。

通过显微镜可以看到，自然界中到处都存在微生物。巴斯德怀疑，微生物的作用并不仅限于让液体变酸或者发酵。1858年，他有了一个想法：如果葡萄酒中的微生物可以造成损失，它们也可能伤害人类，有一些微生物更有可能导致疾病！这些微生物叫作"细菌"，巴斯德的理论叫作"细菌理论"。

许多人认为这个理论十分可笑。对他们来说，无法想象如此微小的东西能害死一个成年人。细菌理论能解释人们是如何相互传染疾病的。如果一个人带有细菌，他和另一个人接触的时候立刻就能把细菌传到另一个人身上。

细菌理论解释了西梅尔威斯的医院中为什么产妇死亡率那么高：医学生在解剖尸体后手上带有细菌，正是这些细菌害死了产妇。如果医学生洗手，细菌被消灭，产妇就能活下来。

不过，巴斯德如何能解释，许多疾病不通过接触也能被传染呢？1860 年，巴斯德进行了多次实验，目的是证明微生物也在空气中悬浮。巴斯德说，细菌在空气中可以轻易从一个病人身上转移到另一个病人身上。因此，医院必须保持干净。可是到目前为止，医院里仍充满了细菌。

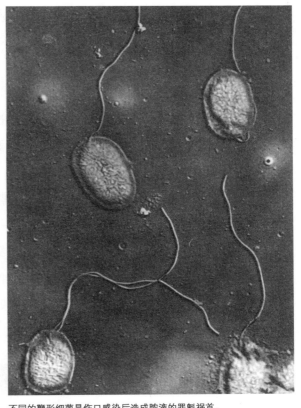

不同的鞭形细菌是伤口感染后造成脓液的罪魁祸首。

驱动巴斯德的不仅仅是他的好奇心。和当时的许多父母一样，他的两个孩子也被疾病夺取了生命。1866 年和 1869 年，他的两个女儿死于斑疹伤寒。疾病和细菌侵入了他和其他人的生活，因此，他和他的细菌理论在法国境内广为人知。

英国外科医生约瑟夫·李斯特是一个深信巴斯德理论的人。他听说过一种名叫碳酸的液体，如果放入废水中，能让被污染的废水对人们无害。李斯特猜测是碳酸杀死了污水中的细菌。1865 年，他开始在病人手术后用碳酸清洁伤口。当时许多病人在手术后死亡，因此只在万分紧急的情况下人们才进行手术。李斯特观察到，用碳酸处理伤口之后，病人的存活率增加了。

德国人罗伯特·科赫发现，手术器械也必须保持干净。科赫知道，把水烧开能杀死细菌，因此他建议在手术前用开水煮器械。罗伯特·科赫还成功发现了致病细菌。在 1876 年和 1883 年之间，他还发现了肺结核、炭疽病和霍乱的致病菌。

巴斯德本人则在研究禽霍乱，每年都会有上千只禽类患病。1880 年夏，他的助手本应该为鸡注射禽霍乱菌，一般情况下，注射后鸡都会死掉。但当时正值暑假，助手忘记注射，装有细菌的容器整个夏天都留在实验室中。假期结束之后才对鸡群进行注射，此时，出现了意想不到的事情：鸡并没有在短时间内死掉，而是在轻微的生病之后恢复健康。

为鸡注射"新鲜的"细菌时，又发生了一些怪事。它们再也不生病了！

巴斯德想到爱德华和他的牛痘接种。他猜测，细菌在夏天变弱，危险性减弱。同时也有一种东西让鸡能再次识别出细菌来。如果这种猜测是正确的，那么他就意外发现了针对禽霍乱的疫苗！巴斯德用各种不同的方式处理细菌，不断在鸡身上重复实验，他的疫苗产生了效果。自从爱德华·詹纳以来，第一次有人发明了新的疫苗。

问题是怎么用这项技术来和其他疾病做斗争。1881 年，巴斯德在研究针对炭疽病的疫苗的过程中，发现除了人类以外，羊、牛、猪都可能染上。他把弱化的炭疽病菌混合起来，和第一次尝试禽霍乱菌一样，将该混合物注射到 25 只羊身上。此后，动物生病了几天，但没有死去。巴斯德后来再次给它们注射炭疽病菌时，它们完全不会生病。这些实验不仅证明了细菌理论的正确性，也清楚地表明，细菌是可以对付的。

法国微生物学家路易斯·巴斯德正在对狗进行免疫试验。巴斯德发现了数种厌氧细菌，在与传染病进行的斗争中做出了重要贡献，特别值得提到的是他在 1885 年研制成功的狂犬病疫苗。

这些实验主要是针对动物而言的，不过能给人也制造出疫苗吗？爱德华·詹纳获得了成功，巴斯德却还必须小心翼翼。他的细菌理论仍旧有争议，一旦病人出现死亡，反对者立刻就会指责他。

巴斯德和助手决定研究狂犬病。很多动物都会染上狂犬病，然后像发了疯一样。如果人被咬到，病菌还会传染给人。染上狂犬病之后，人还能活一个月，然后会慢慢地痛苦死去。因此，当时大部分人都害怕狂犬病。不过，针对动物和人类同样会染上狂犬病这一点，巴斯德可以在动物身上实验疫苗，然后再用于人体。

巴斯德通过无数实验来证明，狂犬病由咬人动物的唾液传染。随后，疾病会侵入病人的大脑。巴斯德烘干了患狂犬病动物的大脑，将其研成粉末，并将粉末溶解在液体中。然后，他试图在液体中弱化病菌，并注射到狗身上。多次尝试之后，巴斯德找到了针对狂犬病的疫苗，能用于狗。但问题是人也能使用这种疫苗吗？

1885 年 7 月，巴斯德找到了答案。7 月初的时候，一位年轻人来实验室拜访他：约瑟夫·麦斯特被患有狂犬病的狗咬了，认为自己活不过夏天，他的父母却信任巴斯德。巴斯德给年轻人注射了 12 次疫苗。最终，约瑟夫活了下来。巴斯德发现了第一种能用于人体的人造疫苗。

他挽救了一名濒临死亡的少年的消息，让他在一夜之间举世闻名。大多数人认为他是位神奇的医生，许多人乞求他把自己从疾病中解救出来。巴斯德的成功使得越来越多的研究者开始相信细菌理论的正确性。1890 年左右，越来越多的医生开始采用科赫和李斯特的方法，对患者和医院进行无菌处理。

但是巴斯德不能解决所有疾病。导致狂犬病的细菌还无法找到。他观察患有狂犬病的狗的唾液，希望找到一些类似细菌的东西：一种球形的、条形的或者螺旋形的微生物。但是唾液中什么都没有。巴斯德猜测，细菌虽然存在，但是太小，无法用显微镜看到。

对于科学家来说，这是很少见的。我前面也说过，关于自然的理论必须和我们能看到的东西保持一致。巴斯德虽然看不到什么，但却相信自己是对的。研究者通常是这样的。如果他们的理论有很多证明（巴斯德的确有很多），他们就会坚定不移地坚持自己的观点，即使所用的工具并不总是显示希望看到的结果。

事实表明，巴斯德的想法是正确的。几十年后，其他研究者断定，患有狂犬病的狗在唾液中真的包含微生物，在普通的显微镜下无法看到。但和巴斯德的猜想不同，这些微生物不是细菌。狂犬病是由病毒引起的一种疾病。

病毒比细菌更小。较大的细菌可以长达 1/10 毫米，病毒通常只有细菌大小的千分之一。病毒不能像细菌那样产生能量，或者通过自身的力量繁殖，它必须进入一个细胞，疯狂地工作：病毒进入细胞后的一个半小时之内，细胞中就会产生 200 个新病毒侵入其他细胞。

可喜的是身体自身有一定的抵抗力。对大多数疾病，身体都能通过免疫系统来调节。如果细菌或者病毒通过伤口进入体内，免疫系统立刻开始工作，尽力消除入侵者。

如果免疫系统获胜，将会产生特殊的细胞，称为"抗体"，在下次有同样细菌或者病毒入侵时能立刻识别并清除。比如说，如果有针对麻疹的抗体，将来就不会再受到麻疹的侵害。

能让人体产生抗体的麻疹病毒中刚好含有针对麻疹的疫苗，并不会导致患病。通过接种疫苗，身体能识别病毒和细菌，构成抗体，未来能自行解决问题。

直到过去几十年，我们才了解到，人体的免疫系统是如何发挥作用的。让巴斯德成为著名科学家的是，他只采用了少量信息就获得了正确的结果。在没有看到病毒的情况下，他就知道存在病毒，在还不了解免疫系统的时候，他就明白了疫苗的作用。

狂犬病疫苗的成功让人们开始狂热地寻找其他疾病的疫苗。1897 年，人们发现了针对水疱的疫苗。1913 年，针对传染性疾病白喉的疫苗面市，在此之前，白喉每年都夺取上千个婴儿的生命。1950 年以后，可怕的小儿麻痹症基本上不再发生。1960 年以后，我们还发现了针对麻疹、风疹和流行性腮腺炎的疫苗。以前的儿童大多数会患上这几种疾病（我们的父母肯定经历过）。现在都已成为过去的事。

最先找到的就是天花的疫苗，天花也是世界上第一种被完全克服的疾病。在第二次世界大战之后，联合国下属的世界卫生组织在所有还存在天花的国家推行疫苗接种工作。措施取得了成效，1977 年，埃塞俄比亚的一名男子成为最后染上天花的患者，现在这种危险的天花病毒只存在于实验室中。

但是用疫苗并不能解决所有的问题。如果我们在接种疫苗之前已经生病了，就可能出现我们的免疫系统无法击退细菌的情况。败血病是一种严重的细菌感染，以前曾让很多人失去性命。并且败血病的起因可以是非常小的一件事，比如手指头上的小伤口。

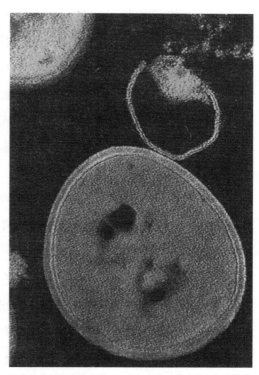

显微镜的照片清楚表明，一个细菌的外膜（右上）在抗生素的作用下被破坏。破坏后，细胞内含物流了出来。图片中部的较大细菌还未受到攻击。

针对感染的药是在偶然情况下被发现的。1928 年，医生亚历山大·弗雷明在伦敦一家医院中观察到，如果细菌接触到容器中绿色的霉，就会死去。霉是一种菌，弗雷明发现的霉菌叫作青霉菌。

弗雷明意识到，霉菌可以用来杀死细菌，但问题是无法制造出充足的青霉菌用于所需的实验。直到 10 年之后，其他研究者才制造出足够的青霉菌，在动物和人体上做实验。1944 年出现了一种含有青霉菌的药品，这种药品被称为青霉素。同年，青霉素用于医疗，挽救了第二次世界大战中上千名受伤士兵的生命。

青霉素并不能杀死所有细菌，比如说肺结核菌就不行。但是研究者认识到，可以运用其他种类的霉菌。1950 年左右，第一种针对肺结核的有效药品进入市场，人类终于战胜了这种疾病。后来，人们又陆续发现了其他消灭细菌的药品。如今，这些药品统称为"抗生素"，是现代医学不可或缺的部分。

在人类使用青霉素长达 50 年之久后，医生面临着一个新的问题。新的细菌不断出现，能够抵抗抗生素的威力，那么就导致抗生素无法对疾病产生作用。因此，许多医生认为已经控制住的疾病，又有在全世界重新抬头的趋势，主要是指肺结核。在很多贫穷的国家，现在因肺结核死去的人数竟和 19 世纪的欧洲差不多。

有抵抗力的细菌是进化论起作用的有力证据。如我前面叙述过的，所有的物种都会随着时间的推移逐渐发生变化。细菌是种类繁多的生物。因此细菌也符合进化论的说法。

能够良好适应周围环境的细菌有更多的繁殖机会。如果细菌进入人体内，人体就成为细菌生活的外部环境。人们服用抗生素后，细菌的外部环境发生了巨大变化，大多数细菌无法在变化后存活下来。细菌死亡，是抗生素存在的意义。

但是某些细菌比其他细菌抵抗抗生素的能力更强。这些细菌在抵抗了一定剂量的抗生素后，繁殖得越来越多。下一代细菌也继承了这种特征，也能抵抗抗生素的威力。由于不能抵抗抗生素的细菌都已消失，那么出现的是越来越多的有抗药性的细菌。

细菌能很快适应环境的变化，它们能够在短短数月的时间内适应一种新的抗生素。不过，抗生素还是能够消灭让我们生病的大部分细菌。但是许多研究者忧心忡忡地思考，如果不断出现新的有抗药性的细菌，今后我们应该如何对付疾病。

因而，和疾病抗争的过程远远没有结束，也许永远也不会结束。不仅仅是因为旧的疾病能适应新的药品，还因为新的疾病也在不断出现。

从 1918 年和 1919 年，大约有两千万人死于一种危险的感冒。1980 年以后，HIV 病毒开始在全世界范围内传播，没有人知道，到底有多少人感染了艾滋病病毒。1995 年，好几百人死于埃博拉病毒，一种比 HIV 病毒更具有威胁性的病毒。

无法确定，这些疾病是否会和中世纪的瘟疫一样毫无限制地蔓延开来。不过，只要我们不想再遭遇一场黑死病，就必须不断进行研究。

没有一个科学家像巴斯德这样为人类的健康完成了这么多工作。正是因为研究者和医生了解了世界上充满着攻击人体的微生物，几百万人才能够活得健康、长寿。

但我们永远也无法完全摆脱疾病的困扰。也许要一直折磨我们的疾病是感冒。感冒是由病毒引起的，和其他病毒入侵一样，感冒后人体会产生抗体。但是这并不意味着以后我们就不会再患感冒了。因为不断出现感冒病毒的新变种，人体中已产生的抗体不能识别。因此，至今仍未有针对感冒的有效疫苗。

青霉素并不针对病毒，所以我们也就没有支持身体战胜感冒的药品。那么我只能等待疾病自愈，希望近几年内都别再患上感冒了。我唯一的安慰便是，总能知道自己哪儿不舒服，也知道生的病并不危险。

第二十三章

自然的基石

在探索自然的整个过程中，给我留下深刻印象的是原子的发现。设想一下：原子体积十分微小，仅仅在这一句话末尾的标点上就能容纳上千万个原子。小小的打印机墨点上包含的原子比银河系里的星星数量还多。原子的世界小得让人眩晕，就如同宇宙空间的庞大一般。

研究者几百年前就知道这一点，但是到目前为止，就算是最好的显微镜也不能放大 100 万倍，所以无法看到原子。研究者如何想到宇宙的真实面貌呢？在研究者进行合理思考的时候，逐渐建立起关于原子属性的理论。

18 世纪时人们开始研究最小的物质，当时的主导思想仍是古希腊人恩培多克勒的看法，即世界由火、水、空气和土构成。炼金术士仍旧在努力炼金，物质科学——化学——还必须向前发展。

虽然那时的化学家人数不多，他们还是能够——和 17 世纪的天文学家一样——对古希腊时期的观点提出异议。其中最伟大的研究者是法国人安东尼·德·拉夫希尔，常被称为化学的创立人。他想知道，物质燃烧的时候会发生什么事情，他得出的结论是：燃烧是由一种叫作氧气的气体引起的。没有氧气，就无法燃烧。由于在空气中能点燃火焰，拉夫希尔认为空气中一定包含氧气。经过他的实验证明，空气中不仅包含氧气，还包含今天被称为氮气的气体。

英国人亨利·凯文迪许用另外一种物质进行实验，即氢气（他于 1766 年发现氢气）。凯文迪许让氢气在空气中燃烧，并断定会产生水。凯文迪许意识到，氧气和氢气通过作用能产生水。两个化学家的实验证明，古希腊人提出的两种元素——空气和水，原本是由另外两种物质构成的。

整个欧洲范围内，像凯文迪许和拉夫希尔这样的化学家都在分解各种可能的物质。他们用特殊的容器加热物质，碾成粉末，和强酸混合，或者溶解到水中，并从溶液中获得电流。化学家们提出，自然界中的许多物质都由其他物质组合而成，他们也发现了如氢气、氧气和氮气这样的物质无法再进行分解。同样不能分解的是金属铁和铜，人类使用这两种金属的历史也达数千年。不管化学家采用什么方法，这些物质就是不能被分解为其他物质。

很明显，人们在探索自然界的基础物质，因此，人们将其称为元素，即基本物质。化学家认识到，自然界中存在两种物质：元素本身和通过化学结合成的元素混合物。水也是一种化合物，由氢和氧构成。

18世纪和19世纪，全世界都沉浸在寻找元素的热潮中。一般情况下，发现者会赋予新物质一个名字。1794年在瑞典城市伊特比附近发现了一块很特殊的石头，许多化学家研究了这块石头之后，得到的结果是，它由14种元素组成！其中3种——铽、铒和镱都以其发掘地来命名。

19世纪中期，化学家已经知道了大约50种元素，但却说不出到底什么是元素。是一种形态相同的混合物，还是像德谟克利特猜测的那样由微型颗粒构成？

在探索未知元素的过程中，化学家观察到特殊的情况：如果把化合物分解为各种元素，元素的量总是相同。18世纪，法国人约瑟夫·路易斯·普鲁斯特用碳酸铜做实验。如果他把碳酸铜分解，会得到5份铜、4份碳和1份氧气。如果他把10克碳酸铜溶解到酸中，就得到5克铜、4克碳和1克氧气。

普鲁斯特在其他化合物上也观察到相同的现象。化合物的构成似乎存在着某种固定规则。

1803年，英国化学家约翰·道尔顿写了一本书，他在书中宣称，要解释普鲁斯特和其他化学家的观察其实很简单，元素由微小颗粒组成，而微型颗粒又以某种方式结合在一起。为了纪念德谟克利特，道尔顿给这些颗粒起名为原子，他的理论也被称为原子理论。

原子理论很快就为人所知，它提供了关于化合物的合理解释：化合物由元素的原子组成，原子又以某种方式结合在一起。相互结合在一起的原子叫作"分子"。在一种化合物中，所有分子都是相同的。这说明，化合物分解的时候，我们为什么总会获得相同分量的各种元素。

原子理论的最大问题就是没有人能亲眼看到原子。没有显微镜能实现这一点，科学家们只能希望找到原子存在的证明。他们观察到原子能够改变周围的环境。研究者米歇尔·法拉第和其他人一样，认为在出现更好的解释之前，原子理论只是一个有意思的观点。

1827年，苏格兰植物学家罗伯特·布朗研究了植物的花粉颗粒。布朗看到，花粉颗粒漂在水中时不停地运动，看起来似乎是随机的、杂乱无章地来回活动。一开始罗伯特·布朗想，运动的原因在于谷粒——一种种子——原本就是生物，能在水中游动。但当他观察到普通的尘粒也能运动时，他意识到，运动的原因在于物理规律。

今天人们把这种运动叫作"布朗运动"，但当时布朗却无法做出令人信服的解释。在很长的时间里，人们讨论了各种不同的可能性。一些人认为花粉的运动完全不重要，其他人则认为这是一个神奇的谜，一定要想办法解开。人们提出一种理论，说明颗粒运动的原因是受到微粒的轰击。这些微粒一定小得无法再小。科学家认为此处的微粒就是水分子。

根据原子理论，水是由微小的水分子组成：一种化合物，由2份氢原子和1份氧原子组合而成。分子随时都在运动，并撞击到花粉颗粒。一粒花粉时不时会遇到多个微粒，并被推移到另一个方向。而在另一侧，花粉粒又会撞到另一些微粒，于是再次向相反的方向运动。循环往复，因此，颗粒永远无法停止下来。

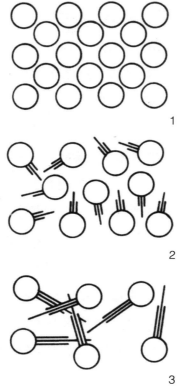

在固体中，分子紧密相邻，相互吸引（1）。在液体中，分子则彼此相隔较远（2），它们仍旧相互吸引，但吸引力不强，分别可以自由移动。在气体中，分子间的距离很大（3），相互吸引力很弱，以致分子可以快速蔓延或者轻易相互混合。

　　人们在脑海里进行的实验可以清楚表明上述设想：我们从一个篮球开始。假定有一个班级，学生站成圆圈，离篮球有几米的距离。如果我说"开始"，所有的学生都把网球扔向篮球。

　　接下来会发生什么？篮球来回运动。有时候遇到一侧的许多网球，有时候遇到另一侧的许多网球。

　　学生用网球去砸篮球，我们看到了发生的情况。但如果假定，篮球上标记了发光的颜色，而体育馆光线昏暗，那么人们在黑暗中就只能看到发光的篮球在毫无规律地来回运动。第一批研究水中的花粉运动的物理学家，看到的情况就大致如此；他们只看到了花粉颗粒在动，却不知道受到什么东西的碰撞。

关于花粉颗粒的运动，很难找到一种比原子理论更好的解释。因此，布朗运动的卓越贡献就是让许多研究者开始相信原子理论。

可是，如果原子真的存在，那么一定能够解释元素之间的巨大差别。所有元素中最轻的是氢，一种很轻的气体。元素锂是一种银白色的软金属。物理学家能称出原子的重量。比较锂和氢，二者之间的唯一差别似乎在于，锂的重量是氢重量的 7 倍。其他原子也有类似现象。仅仅是小小的重量差别就区分开了闪光的金属和黑色的粉末。但为什么重量的差别如此重要呢？

和探索真理过程中的许多时刻一样，偶然事件起到了重要作用。1896 年，法国物理学家安东尼·亨利·巴克瑞尔听说了威廉·伦琴的神秘 X 光。巴克瑞尔已经研究了很长时间水晶——玻璃状的固体化合物。现在他想知道，水晶是否也能发散出不同的射线。巴克瑞尔需要强烈的阳光来进行实验——阳光照射到水晶上，让水晶发出光芒。但是天空云层密布，巴克瑞尔必须延期进行实验。他把水晶和照相底片放到一个信封中，随后放进抽屉。

照相底片表面涂有一种物质，在遇到光线或者伦琴射线的时候会发生变化。如果将底片浸入某种化合物中，照相底片遇到光线或者伦琴射线的部分会变成深色。这个方法我们称之为冲洗。

几天之后，天空还是多云，巴克瑞尔失去了耐心，就在没有看到任何明显结果之前直接冲洗了照相底片。然而，当他看到底片上的黑色的较大区域时，感到异常惊讶。

光线一定对昏暗的抽屉中发射了什么东西？由于照相底片上只有水晶，那么水晶一定是出现黑色区域的原因。巴克瑞尔知道，以前还没有人观察到这种现象。他试着确定水晶中的射线是如何产生的。巴克瑞尔仔细研究水晶后发现，水晶包含一种元素——铀，能散发出射线。铀是一种银白色的重金属（一个铀原子的重量是氢原子的238倍）。铀发现于1789年，当时用于为玻璃染色。该元素以行星天王星的名字命名，后者大约也是同一时间被发现的。

但是当时研究者都无法解释为什么一种元素可以自己发出射线。一些物理学家认识到巴克瑞尔这项发现的意义，开始研究新形式的放射。其中包括玛丽·居里夫人，生活在法国的一位波兰物理学家。

玛丽·斯卡洛多斯卡1867年出生于波兰。孩提时代，她就具有不同常人的自然科学方面的天赋。她曾经被授予某个奖项，但也正是这个原因，她一直不能进入大学学习。因为波兰处于俄罗斯的统治下，只有俄罗斯男人才能上大学，而巴黎则不同，19世纪末期时已经有女性在大学学习。因此，在姐姐去巴黎学医时，玛丽也一同前往，并在著名的索邦大学学习物理，成为那一届最出色的学生。

1895年，玛丽嫁给了法国物理学家皮埃尔·居里。丈夫同样充满好奇心，喜欢做研究。和当时大多数人不同的是，皮埃尔认为女性也应该拥有和男性相同的机会。居里夫妇共同进行了很多研究。玛丽最后想读博士学位的时候，居里夫妇决定选择巴克瑞尔的发现作为自己的论文题目。

铀是一种很少见的元素，玛丽·居里知道沥青铀矿中包含铀。沥青铀矿是矿场的废料。玛丽研究这种矿物质后断定，如果其中只有铀发出放射，那么放射会比预计得更强烈。因此，她猜测，沥青铀矿中还包含其他放射性的基础物质。为了找到这些物质，并证实自己的猜测是正确的，玛丽·居里必须将沥青铀矿分解为各种元素。

沥青铀矿被磨成粉末，煮开，直到粉末溶解，然后用过滤器过滤。之后，玛丽·居里在剩余物质中通上电流，并重复整个过程。另外，她还发明了一种测量放射的工具，利用这个工具可以随时能够发现，是否真的提炼出放射物质来。长达几个月的时间里，居里夫人都在阴冷潮湿的实验室里度过，直到她发现了另一种新元素，她用自己祖国的名字给这种元素命名，叫作钋。

测量了钋的放射之后，玛丽·居里发现自己还是无法解释为什么沥青铀矿的放射如此强烈，这种矿物质一定还包含其他放射性物质，因此皮埃尔和玛丽二人决定再次尝试提炼沥青铀矿。1898 年，他们终于从很小的一块原料中找出了这种物质。8 吨沥青铀矿只提炼出了 1 克！

玛丽·居里以拉丁文中表示放射的词为这种新的基础物质命名，叫作镭。同时也描述了所有放射物质的本质：带有放射性。有镭辐射的物质是种放射物质。

由于居里夫人的突破性工作，她成为历史上第一位荣获诺贝尔奖的女性。瑞典的亿万富翁阿尔弗雷德·诺贝尔在 1896 年去世之前在遗嘱中规定，每年应向一位做出最杰出贡献的人颁奖。从 1901 年开始，由一个金牌、一本证书和高额奖金组成的诺贝尔奖，陆续颁发给物理、化学和医学界的研究者。（如今还有另外一系列的诺贝尔奖项）。

第一位诺贝尔物理奖得主是威廉·伦琴，他发现了伦琴射线。玛丽·居里在 1903 年和丈夫以及亨利·巴克瑞尔一起获得诺贝尔奖。1911 年，玛丽还获得了诺贝尔化学奖，成为为数不多的两次荣获诺贝尔奖的人。我在本书中写到的很多 20 世纪的研究者都获得过诺贝尔奖。该奖项于每年 12 月 10 日颁发，即阿尔弗雷德·诺贝尔的忌辰。虽然现在还有其他一些研究奖项，诺贝尔奖仍旧是一名科学家能获得的最高荣誉。

我一直在使用放射这个词，但却没有说出自己对它的理解。在某些方面，用它来描述放射性物质是不准确的。因为，放射在研究者眼中只是普通的光线、伦琴射线和其他形式的电磁辐射。但是放射性物质的放射和光线一点联系都没有。

我们举 α 射线（α 是希腊字母表中的第一个字母）为例，它是由英国物理学家恩斯特·卢瑟福发现的。放射性物质如铀，会发射出大量 α 射线。但

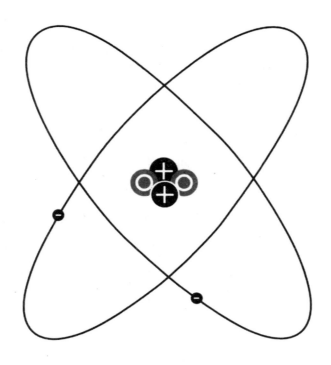

氦原子的结构图，原子核带正负荷，重量大，周围是中和正负荷所需的带有负负荷的电子。较重的带有正负荷的原子核由两个重要颗粒组成，质子和中子。质子带有一个单位的正负荷（＋）。中子无电负荷，是中性的（0），只为原子增加重量。质子和中子分别和氢原子核的重量相等。

是卢瑟福仔细观察射线的时候发现，这种射线并不是由类似光线的波组成，而是由更小的部分构成！

放射性物质释放出氦原子核（氦是一种很轻的气体）。那就意味着铀原子可以排出另一种物质的原子核！并且只有在该元素由更小的"基石"构成时才可能。因为某种原因，这些部分从放射性物质中分离出来，进入周围的环境。

卢瑟福还发现了放射性物质的另一种放射形式。他将其称为"β反射"，这次他也断定，这种放射由微粒构成。特殊点在于，这些微粒由另一位研究电的研究者发现。

电仍旧是一个巨大的谜。人们在 19 世纪不断进行电力方面的发明，但是没人知道驱动这些发明的究竟是什么。

虽然化学家进行的实验似乎表明，电以所谓的"电原子"为基础，但是从没有人亲眼见到过。电一般都是用导线传播的，如何能在组成铜线的众多原子中发现电原子呢？

解决方法的条件是必须清除所有原子。也许可以在研究电的时候不影响其他微粒。米歇尔·法拉第和很多研究者一样，在这类实验中没有取得什么进展。

但是在1854年，一位德国玻璃工人取得了成功。他的任务是制作没有任何空气，即几乎没有原子的玻璃管。物理学家在玻璃管的每一端都安装了一小段铜片，称之为"电极"。如果电极和电池连接，就会出现很特别的事情：玻璃管内部开始闪烁微弱的光，似乎是有什么东西开始从一个电极移动到另一个电极。

研究者讨论了很长时间，这是否是光线的一种新形式（马克威尔等式曾预言，人们将会发现光线的未知形式），或者光线闪烁是否是由电极引起的。直到1879年，这个问题才得到解决。英国研究者约瑟夫·托马森能够用磁铁从外部移动闪烁的部位，证明闪烁受到电磁力的影响。托马森知道，光线、无线电波和伦琴射线都不是这样的（如果将手电筒放到磁铁旁边，光线的方向不会发生变化）。闪光并不是光线的一种新形式。

因此，受到电磁力影响的一定是微小颗粒。而这些颗粒仅可能来自玻璃管两端和电池连接的电极。那么，电就是由微型颗粒组成的流体。托马森把这些颗粒称为电子。

借助数学公式，托马森还能计算出电子相对于原子的重量。结果让他大吃一惊：一个电子的重量只是氢原子重量的两千分之一！在此之前，物理学家一直认为原子是宇宙的最小组成部分，但现在和电子相比，原子俨然是庞然大物。比如说，一个电子比铜原子轻12万倍。如此微小的电子可以在铜原子中运动。在铜线中，铜原子就如高山，能轻易传递电子。

卢瑟福断定，他发现的 β 射线由电子组成。放射性物质放射电子的事实让他相信，电子一定是原子的组成部分。所有原子都必须由电子和其他"基础物质"构成。但是原子如何构成？原子中的电子是位于各个基础物质之间，像蛋糕面皮中的葡萄干一样，还是两者有明显的区分？

1909 年，恩斯特·卢瑟福开始进行一项实验，把放射性物质放到一片薄薄的金属锡纸前面。物质中涌出 α 颗粒，锡纸遭受到氦原子核的强烈冲击。金原子大而重，不会被较轻的氦原子核撞碎。

如果把金原子比做蛋糕面皮，α 微粒大概像刀一样切开金原子，并出现在蛋糕面皮的另一面。但事实并非如此。虽然大多数 α 微粒能穿过，但总有一些会弹回，似乎是撞到什么坚硬的东西。

卢瑟福做了多次实验，发现了可以解释一切的原子构造：原子的中间是微小的硬核，由电子围绕，但和电子保持一定距离。原子主要由空旷的空间组成。把一个原子设想成一个体育馆，那么原子核就相当于体育馆中心的沙粒，空空的场地里电子以极速随意移动。

那么，原子核是被电子围绕的。现在的问题是：为什么电子围绕原子核？什么让原子核和电子共同存在？卢瑟福认为这是一种特殊的属性，即"负荷"。负荷可以是正的，也可以是负的。正负荷的物体会受到负负荷物体的吸引，反过来也一样。由于电子是负负荷，原子核就是正负荷的，它们相互吸引到一起。

但是卢瑟福并不满足于此。下一步他想知道原子核中的基础物质。19 世纪初，英国化学家认为，自然界中最轻的物质氢气也是原子的基石之一。卢瑟福发现这个观点非常有启发性。因为氦的原子核不断放射出放射性物质，和 4 份氢原子的重量相等。为什么原子不可能是由 4 份氢原子组成呢？

1919 年，卢瑟福得出结论，氢原子核的确是所有原子核的构成物质。他把这种氢原子核叫作"质子"，以希腊语中表示"第一"的单词命名。通过这种方式，他成功地解释了元素之间的区别。

质子决定人们获得的元素是什么。氢是所有基础物质中最轻的一种，因为原子核中只有 1 个质子。氦是第二轻的物质，原子核有两个质子。氮的原子核中有 7 个质子，氧有 8 个，铀有 92 个。

不过，这个理论还有一个问题：计算有点不对。氦的原子重量是质子的 4 倍，但却只含有 2 个质子。大部分其他原子也是如此：原子核中一定还有不是质子的东西。卢瑟福认为，还有一种微粒尚未发现。

他说，这种微粒既不带正负荷，也不带负负荷，应该是中性的，所以称其为"中子"。1932 年，物理学家詹姆士·恰德维克通过实验证明了中子的存在，卢瑟福的设想得到证实。我们也知道，中子在原子核中起着重要作用，是一种"黏合剂"，把质子聚集在一起。

原本众人应该都得到了满意的答案。研究者已经证实，宇宙中的所有物质都由 3 种简单的基础物质构成：原子核中的质子和中子以及围绕原子核的电子。但是新的研究结果表明，事情并没有这么简单。

现在我们稍停一下关于该话题的讨论。前面说过，书中的一些内容相当复杂。特别是本章之后的内容。在 20 世纪，研究者终于确切地认识到理解宇宙的困难程度。有时候，我真希望世界更简单、更直观一些，那么描述研究者观察宇宙时能更容易。但是对于探索真理来说，这意味着什么呢？

如果我们知道的一切都能在这本书中描述得一清二楚，世界将是多么无趣！那样的话，一切事物都早已有了解释，探索真理的旅程也早已结束。

我们当中那些喜欢探险和好奇的同类也许会觉得人生了无生趣。然而，我们在尚了解不多的宇宙中的生活，也有它的价值：要理解发生的事情，就必须尽最大努力动脑筋思考。现在就真正开始了。

第二十四章

量子物理

回到恩斯特·卢瑟福及其关于原子构造的理论上。物理学家立刻意识到该理论的重大缺陷：因为正负荷和负负荷相互吸引，那么一个小而轻的电子一定受到较大质子的吸引。电子应该立刻落到原子核上，那么宇宙中就不会存在分子（也就完全不会出现生命）了！

1913 年，丹麦物理学家尼尔斯·波尔想出了一个拯救原子理论的办法。他说，电子不能随意围绕原子旋转。它们有固定的轨道，并在原子核周围形成一种"电子轨迹"。只要一个电子在电子轨迹内运动，就不会落到原子核上，而是会一直继续围绕原子核。一个电子轨迹内可以有多个电子存在。每个原子总是有一定数量的电子轨迹，轨迹上有电子在飞行。波尔提出的规则表明，

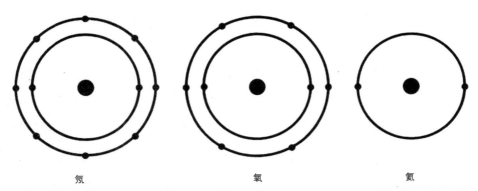

氖　　　　　　　　　　氧　　　　　　　　　　氦

根据尼尔斯·波尔的看法，电子在特定的电子轨迹上环绕原子核。同时，没有原子能拥有 7 个以上的电子轨迹。在所有的原子中，最里面的电子轨迹上只有 2 个电子，除了氢原子之外。氢原子的最内侧电子轨迹上只有一个电子。在第二道轨迹上最多有 8 个电子在运动。氖拥有两道电子轨迹，两道电子轨迹都充满电子。氧也有两道电子轨迹，在最外道只有 6 个电子。因为电子轨迹已满，氖从来不会与其他原子结合，而氧原子则很容易和其他原子结合。那就是说，电子的数量，主要是外侧电子轨迹上电子的数量决定了原子的化学行为，也即是否和其他原子结合。

一个电子轨迹上能有多个电子运动，以及一个原子能有多道电子轨迹。

波尔的原子模型受到了人们的误解。人们把原子当作了一个微型太阳系，其中原子核就好比是太阳，而电子就相当于遵循固定轨道围绕太阳运转的行星。甚至还有人写了本小说，书中的主人公还曾经到访过这类原子太阳系。但是波尔并没有提到这一点。在他看来，电子轨迹和行星轨道之间没有丝毫相似性。并且，电子能从一道轨迹跳到另一道轨迹，行星却不可能做到这一点。

这种电子的跳跃非常重要，因为波尔断定电子跳跃和能量有关。如果一个电子朝着原子核的方向跳跃，原子就会释放出能量。一个电子跳过的电子轨迹数量越多，释放出的能量就越多。

释放的能量是一种电磁波，比如说光线。太阳中，不断有大量氢原子和氦原子结合在一起，同时释放出巨大能量，我们能看到：阳光来自围绕原子核从外部轨迹跳到内部轨迹，并释放出微小闪光的电子。只有通过波尔的电子轨迹理论，天文学家才能理解，太阳及其他恒星的光线是如何产生。

但物理学家认真研究了电子跳跃的能量后，发现真相更为复杂：电子向内跳跃的时候，释放出的光线并不像湖面的水波，和詹姆士·克拉克·马克威尔描述得不一样。正好相反。原子的光线是由微小颗粒的形式释放出来的，和艾萨克·牛顿曾经猜测得一样。物理学家曾相信，已经证明牛顿关于光线的观点是错误的。难道现在看来，其实他是对的吗？

对于这类问题，回答并不总是简单的是或者否。在上述具体的问题上，真正的回答是：既对也不对。1890 年，科学家阿尔伯特·爱因斯坦已证明，光波和微粒具有相似的行为。下一章我们还会讲到爱因斯坦。一系列实验证明，爱因斯坦是正确的。光线有时有波的特性，有时有微粒的特性。从某种程度上讲，光既是波，又是微粒。这听起来完全没有逻辑。说到底，微粒——比如说投掷在空中的球——和湖面荡漾的波之间的差别十分明显。

这让物理学家不快，但是尼尔斯·波尔的原子理论表明，事情一定是这

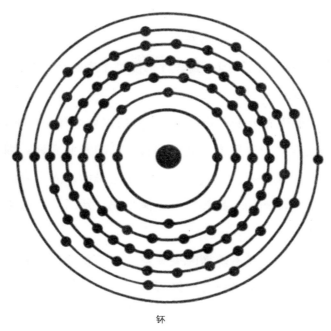

钚

钚有 7 个电子轨迹，每道轨迹都充满
电子，一共有 94 个电子。

样的。光线可以像微粒组成的电流一样，也可以像波一样，具体呈现什么特性取决于具体的环境。这个让人迷惑的说法，带来了另一个大问题。

前面曾说过，物理学家无法解释波是如何穿越空间的。现在谜底已经出现：如果光线穿越空间，表现为微粒流。那么物理学家就不需要再去寻找光波上下曲折的原因了。

光微粒是一种小能量包，叫作"量子"，原意是指"小分量"。因此，所有和电子、原子核和光线的不同形式相关的研究，都称为量子物理。

研究继续向前发展。比如说，人们发现，原子世界中的一些事情是自行发生的。如果电子从一道轨迹跳到另一道轨迹，无法预知为什么会发生跳跃。电子的跳跃没有原因，我们也许很难理解，这是因为我们已经习惯于任何事情都应有它发生的原因！

如果我们看到球飞跃在空中，就会知道有人投掷了这个球，在这里投掷就是球飞跃的原因。如果一杯牛奶倒在餐桌上，就会知道是有什么东西撞到了牛奶杯。这是牛奶洒掉的原因。到底什么撞倒了牛奶杯，我们也许不知道，但无论如何总有个原因。

研究者喜欢讲原因和效果：原因是胳膊肘撞倒玻璃杯，结果是牛奶洒了。原因和结果在物理学中十分重要，甚至拥有自己的专业名称：因果关系。日常生活中到处都有因果关系。原因总是出现在结果前。人们永远不会观察到这样的现象：已经被撞倒的牛奶杯自己充满牛奶，然后竖立起来，并触碰到正在抽回的胳膊肘。

量子物理表明，原子并不遵循因果关系。电子和原子核的行为完全是随机进行。电子直接从一道电子轨迹跳跃到另一道电子轨迹。铀原子何时释放出 α 微粒，我们无法预计到。如果量子物理也适用于大型物体，那么足球就会突然横穿过足球场，而不会撞到任何东西。即使没有人碰撞，牛奶杯也会自己倒下。人们拿在手上的这本书，也会自己掉落到地上。

量子物理还做出了独特的发现。量子物理发现，我们甚至无法知道电子的具体位置！为了理解这一点，我们必须在头脑中进行一次实验。假设我们要研究关于牛顿的章节中的冰球，我们想知道冰球的运动，就必须测量出冰球的位置和向哪个方向运动。

并不难办。比如说，我们可以用摄像机拍摄冰球，然后在屏幕上借助慢镜头计算。其他运动的物体也可以用这种方式来计算，例如鸟类或者汽车。我们总能计算出物体的位置和运动方向。

物理学家相信，这种方法也适合用来追寻电子的行踪。电子毕竟也是微粒，即便它们体积微小。但是实际情况却大不相同。物理学家无法测量出电子的具体位置、电子朝什么方向运动。如果测量电子运动的方向，就无法测算电子的位置，反之亦然。物理学家只能肯定其中一个因素，却永远无法同时获知二者。

那么，研究电子的人也会影响电子的行踪。如果有人能精确定位电子的位置，那么电子绝对有可能朝各个方向运动。如果可以判断出准确的运动方向，电子可能存在于任何地方也就十分清楚了。

假设较大的物体也遵循该规律，那么足球运动会遇到大麻烦：如果运动员想确定足球的位置，就不知道足球会飞向何方。还好，量子物理只适用于原子和电子。量子物理的研究有很大部分都是 20 世纪 20 年代在德国进行的，因此许多自然规律也以德国发现者的名字来命名。告诉人们无法确定电子的具体位置的规律，叫作"海森堡测不准原理"。魏纳·海森堡于 1927 年发现了这条规律。

量子物理十分特殊，仅仅相信其中的只言片语很难。不过，自从 20 世纪 20 年代以来进行的所有实验都表明它是正确的。宇宙的确十分特殊。

一些重要发明也体现了宇宙的特殊性。电子显微镜能将致病病毒放大几百万倍，没有量子物理的发展是不可能做到的。同样，我输入本书内容使用的电脑，也要借助量子物理。但是对人们的生活最有深刻影响的量子发明，毫无疑问是原子弹。

第二十五章

原子弹

1938 年，德国物理学家奥托·哈恩开始用中子轰击元素铀（中子即原子核中的中性微粒），一开始毫无伤害。

和恩斯特·卢瑟福将氦原子核放到金锡纸上用以研究一样，奥托·哈恩希望借助中子认识铀原子核。他想，中子会以某种方式弹回，那么就能透露出原子核的某些外貌特征。

但是哈恩断定，中子遇到铀后产生了十分特殊的后果：它们让原子核开始分裂！如果一个中子遇到一个铀原子核，便产生两个元素，总重量大约和一个铀原子相同，同时，释放一点能量和其他中子——这一点极其重要！

因为事实表明，每个新中子又能再次让一个铀原子分裂。每个原子再次释放出大量中子，而中子会继续让铀原子分裂。如此循环往复，不断产生新的分裂后的铀原子和新中子。这种现象叫作连锁反应。由于所有分裂的原子都释放出能量，铀中的连锁反应会在瞬间释放大量能量。哈恩虽然无法激发这种连锁反应，但是全世界的物理学家都立刻意识到，这一现象可以用于新式武器。

1939 年，第二次世界大战爆发。每次战争中都会出现新式武器，英国和美国的研究者担心，德国可能研制原子弹。最让他们担心的是德国的统治者阿道夫·希特勒，他热切希望借助原子弹的威力来打赢战争，并获得梦寐以求的世界统治地位。

1933 年希特勒上台后，物理学家阿尔伯特·爱因斯坦不得不逃往美国。爱因斯坦是犹太人，希特勒极其痛恨犹太人（他下令屠杀 600 万犹太人）。阿

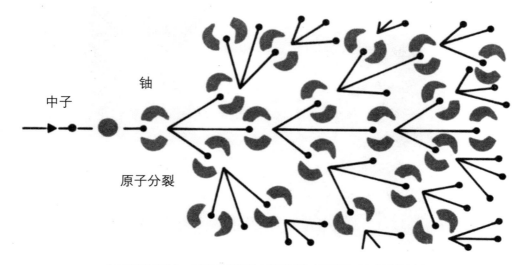

中子

铀

原子分裂

为了引起连锁反应，人们决定将铀原子的原子核和中子放到一起。原子核分裂，产生两个新的中子，并释放出较大能量。新中子再次撞击到铀原子核上，铀原子再次分裂，又产生中子。在原子弹中，这种连锁反应在瞬间完成，核心反应器中该过程会受到限制。

尔伯特·爱因斯坦向美国总统写了一封信，说明德国研制原子弹的巨大威胁。

在写这封信以前，除了最有名望的物理学家之外，没有人知道原子弹可以用作武器。美国总统十分重视这件事情，并委任科学家开始研究，争取在德国之前完成原子弹的研制。

世界上最优秀的物理学家共同为"曼哈顿"项目工作。要说服他们参与进来并不困难。许多人都是从欧洲逃亡到美国的。他们逃离了希特勒和纳粹的迫害，最害怕的莫过于德国的胜利。完全可以想象，德国人首先研制出原子弹会发生什么事情。在德国的原子弹研究项目上工作的也是非常有才干的科学家，其中一位就是魏纳·海森堡。

曼哈顿项目 1943 年开始，在新墨西哥州小城市络斯阿拉莫斯附近一个极为隐秘的地方进行。物理学家面临一项艰巨任务：他们必须发明一种新式炸弹，同时研发出一种方法，制造炸弹所需的足够的铀。在战争爆发之前，全世界只有几克铀，但是物理学家计算后发现，一个原子弹需要好几千克铀。

1945 年 8 月 6 日，美国总统哈里·S.杜鲁门下令在日本广岛投下第一枚原子弹。整个城市的 80% 都被摧毁。在原子弹爆炸后直接丧生的人数在 9 万到 26 万之间，根据人们直接或者间接遭受原子弹侵害的时间来计算，直到今天，仍有很多人饱受后遗症和遗传性伤害之苦。

　　1945 年 7 月 16 日在戈壁上试验时，没有人知道，原子弹是否会取得成功。原子弹项目以量子物理理论为基础，如果理论正确，一定会成功。果真成功了！原子弹爆发出相当于 2 万吨炸药爆炸的威力，发出的光亮比阳光还刺眼，第一颗原子弹的爆炸证明了原子理论的正确性。

　　此时，德国已经输掉了第二次世界大战，希特勒也死了。因而，物理学家认为这种可怕的武器永远不会用于战争，但是他们想错了。二战中和德国

粒子名称	轻子（单色）			夸克（蓝色）			
	符号	静止质量（Mev/C²）	电荷量	粒子名称	符号	静止质量（Mev/C²）	电荷量
电子微中子	ν_e	~0	0	u 夸克	u	310	⅔
电子	e 或 e⁻	0.511	−1	d 夸克	d	310	−⅓
μ 微中子	ν_μ	~0	0	c 夸克	c	1,500	⅔
μ 子	μ 或 μ⁻	106.0	−1	s 夸克	s	505	−⅓
τ 微中子	ν_τ	小于 250	0	t 夸克	t	假定的；超过 18,000	⅔
τ 子	τ 或 τ⁻	1,782	−1	b 夸克	b	~ 5,000	−⅓

1964 年，美国科学家盖尔曼提出夸克模型，盖尔曼称粒子为夸克。上表展示了粒子的基本组成。

结盟的日本还没有投降。1945 年 8 月 6 日，美国在广岛上空投下一枚原子弹。大约 10 万人在强烈的爆炸威力下丧生，几乎整个城市都被夷为平地。3 天之后，美国在长崎上空又投放了一枚原子弹，该城市同样也遭受了严重的损失。

这两个城市并未设防，原子弹攻击对"曼哈顿"项目中的很多科学家来说是十分严重的震撼，即使他们并没有亲手投下原子弹。下达投放原子弹命令的是美国总统，由军事飞行员将原子弹带到了目标地点。整个"曼哈顿"项目由军方领导。科学家从军方获得任务，军队使用了研究者的发明成果。

但是许多科学家并没有因此而觉得良心受到安慰。物理学家罗伯特·奥本海默是"曼哈顿"项目的负责人，在战后十分后悔曾经参与了研究工作，导致几十万无辜百姓失去生命。他认为，物理学家要为此事负特殊责任，并在余生一直致力于反对核武器的工作。

像原子弹这样的武器，不进行研究是不可能出现的。因此，我们现在也知道，科学家在工作时必须知道自己在做什么。研究者的责任在于，如何使用自己的发明。如今在一些组织内，科学家讨论这类问题并试图找到一种解决方案。

探索自然基石的旅程并没有停止于第二次世界大战。研究者一直相信，只存在少数元素微粒——质子、中子和电子。但是理论和实验都表明，其实存在着更多。

下面，我不再赘述关于微中子、介子和 π 介子等微粒的信息。重要的是，最初看起来非常简单的原子理论，变得越来越复杂。1950 年后，寻找新发现的微粒之间的关联日渐困难。遇到这种情况，科学家开始怀疑，他们曾认为已经解决了的问题实际上还没有得到彻底解决。

许多物理学家思索着，是否还存在一些少量的更小的基础物质，能构成较大的元素微粒。1964 年，美国科学家默里·盖尔曼宣称自己找到了"基础的基础"。他称自己的发现为"夸克"，并宣布，人们只需要将 6 个夸克以不同方式组合起来，就能获得科学家当时知晓的几乎所有微粒。（盖尔曼起的名字是来自一部小说中的特殊人物。）

一开始，理论以数学计算为基础，后来实验也证明夸克真的存在，也许宇宙中的所有元素微粒都是由 12 个基础物质构成的。其中 6 个是夸克，剩下 6 个是非常轻盈的微粒，其中一个是电子。这个解决方法并没有让所有研究者满意。有些人考虑，夸克和轻盈微粒是否还可以分解为更小的微粒，宇宙中是否存在一种唯一的基础物质。

目前，物理学中存在许多特殊理论，其中一些理论使得量子物理失去了本身的趣味性。许多人认为，21 世纪将会出现更大的转折。

20 世纪中，物理学的变化最大最迅速。50 年代，有人问一名大学生，觉得著名的阿尔伯特·爱因斯坦的讲座如何。大学生回答说："非常棒。我们上周还认为是真理的东西，现在全是错误的了。"

第二十六章

庞大的宇宙

很少有什么像宇宙空间这样让我心生恐惧。最糟糕的是距离。宇宙空间在空气终止的地方开始，远离我头顶几百公里，并绵延到无限远处。一想到宇宙基本上是一个冰冷漆黑的空洞，便觉得十分可怕。要是夜间失眠，思考一下宇宙空间倒是个好办法。

但是古代的人们却将宇宙空间设想得非常简单。比如说，一些游牧民族认为星星是另一些游牧民族燃起的篝火。对古希腊人来说，天空是穹顶，大约和倒扣的碗一样，罩在扁平的地面上。天空也可能是个球体，包围着太阳和地球，这是亚里士多德的猜想。

虽然尼克劳斯·哥白尼提出了关于太阳和月亮的现代观点，他却相信，星星固定在土星后面的巨大穹顶上，也就是当时科学家所知道的距离最远的行星上。对于许多基督教徒来说，星星是天空在穹顶之后的光芒，星光穿越穹顶的小孔照射出来。

17 世纪初，人们发明了望远镜，便很难再继续相信天空上有孔隙的说法。天文学家通过望远镜看到，银河由上千个小星星构成。他们断定，一些恒星原本就由两个小星星组成，相互围绕（双星），他们还发现了白色的斑点，叫作星团和银河。望远镜的倍数越大，天文学家在天空中看到得就越多。他们发现，土星之后的宇宙空间远远没有结束。问题是：星星离我们到底有多远？如果我们在黑夜里站在户外，完全无法判断出距离。普通的望远镜也不能带来什么帮助。

许多天文学家考虑，如何才能测量到星星的距离。直到 18 世纪末，人们才开始进行真正的尝试。天文学家威廉·赫歇尔制造出巨型望远镜，从自家观察英国上方的天空，想从我们每天都看到的现象中找出蛛丝马迹。

这个现象叫作视差。听起来有点复杂，但是立刻就能明白是什么意思。假设一个人读一本书，把书放在面前大约半米的地方。他所面对的一面墙在几米开外。他闭上右眼，看书的左边缘，然后睁开右眼，闭上左眼。试过的人都知道，书的边缘相对于书后墙的位置发生了变化。如果重复几次这个实验，书似乎是在来回移动，而墙壁却纹丝不动。

木雕《天文学家》，作者是卡米勒·弗拉马里翁，作于 1688 年，展示了亚里士多德在 2000 多年前设想的宇宙，以及天主教在 17 世纪一直奉为真理的宇宙情况。

原因就是，我们的两只眼睛相隔几厘米。如果我们只用一只眼睛看书，那么看书的角度就稍有不同。因此，书似乎在背景（即墙壁）前面移动。

　　同样的道理，我们看草地上的树林也是如此。如果人在树后很远的地方看到一座教堂，换用左右眼，也会出现视差。向左走几步，就能看到树林相对于教堂移动了，再向右走几步，会发现树林又回到远处。树林看起来在移动，

威廉·赫歇尔用当时最大的反光望远镜不仅发现了行星天王星，还发现了土星的卫星土卫一和土卫二。赫歇尔却不能长期在望远镜上工作，因为这个长达 12 米的金属反光镜的反射能力很快就减弱了。

是因为我们从不同的角度在观察。解释这个过程很难，不如自己亲自试一试。

威廉·赫歇尔认识到，视差现象也存在于宇宙空间中。如果我们观察彼此距离非常远的恒星，那么离地球比较近的恒星看起来似乎在移动，如同草地上的树林一样，而离地球远的恒星似乎保持静止，好比树林后面的教堂。

赫歇尔知道，人们可以在不同的地方看到星星。如果地球围绕太阳旋转，那么地球也在宇宙空间中运动。天文学家只需要在某一天观察一颗星星，然后等待几周或者几个月。其间，地球已经在宇宙中运动了几百万千米。如果等待 6 个月，天文学家也随地球移动了几亿千米的距离。

这个距离相当大，威廉·赫歇尔认为，这是估算星星与地球之间的距离的好机会。他找出了一颗非常明亮的星星，因为星星越近，就显得越明亮。他考虑到围绕明亮星星的那些光线弱的星星，离得一定比较远。光线暗的星星就构成背景，不会移动，明亮的星星看起来就会来回移动。

1781 年，赫歇尔开始进行测量。可就算他再怎么仔细测量，也无法识别任何运动。星星的距离越远，星星的运动就越不明显。赫歇尔认识到，星星的距离可能已经远到自己的望远镜可观测能力之外了。

但是他的工作还是有所成就。在赫歇尔测量星星的时候，偶然发现了一个新的行星，后来命名为天王星。天王星在土星更远的地方旋转，证明宇宙比古希腊人猜想得更深远。科学发展过程中常常出现这样的情况：研究者在寻找一种东西，却发现了完全不同的另一件事，并且是同样重要的事。

直到 1838 年，星星的距离和位置才被测量出来。德国天文学家弗里德里希·巴塞尔采取了和赫歇尔相同的方法，得出结果。巴塞尔做出一张表格，列出 5 万个星星的位置，并选出一个按照自己的猜测位于地球附近的星星。这颗星星的学名为天鹅座 61 号（星星编号 61，在天鹅座中）。

后来，巴塞尔用一个高倍望远镜进行了几百次精确测量，并断定，该星星在一年内以缓慢的速度在天空中来回移动。这也是可以预计到的，因为地球需要一年的时间才能环绕太阳一周。星星的运动曲线类似于离我们 10 千米的硬币的运动。这就表明，巴塞尔测量得多么精确！他使用了毕达哥拉斯定律的一种变体，并计算出星星的距离。结果是一个非常庞大的数字：天鹅座 61 号在离地球几百万亿千米的地方。

此后几年，天文学家已经知道了附近星星的距离。天鹅座 61 号并不是离地球最近的，更近的是毗邻星，星座图人马座中最亮的星星。但即使宇宙中最近的邻居，也离地球 40 万亿千米远。

宇宙比以往所有人设想得都要大许多，大到单纯的用千米来测量已经不切实际，因此人们采用了一种新的距离量度：光年。

一光年的距离就是光在一年中传播的距离。光的速度是每秒 30 万千米，一年是 3100 万秒，那么一光年的距离是个相当庞大的数字。

行星毗邻星位于大约 4 光年之外，到天鹅座 61 号的距离大约是 10 光年。使用光年的另一方面是，他们能提供关于宇宙的重要信息，即星星的光芒到达地球的时间，需要的年数就是用光年表示的距离。毗邻星的光线大约需要 4 年时间才能到达地球，天鹅座 61 号则需要 10 年时间来完成宇宙旅行。如果我们观察宇宙中的星星，我们同时也在回顾时间。星星的距离越远，我们看到的光线也就越老。这就说明，宇宙不仅大到不可设想，还拥有非常久远的历史。

第二十七章

相对论

就如在书中所写到的一样，人们对光线的研究带来了许多重大的发现。光线属于宇宙中最具有神秘感的物质，在世纪之交，研究者意识到，光线速度中也隐藏着巨大的秘密。美国天文学家阿尔伯特·米歇尔森通过实验证明，光线的速度从未发生过变化。

地球、太阳和星星都在运动，光线速度原本应该是不断变动的。人们可以设想：如果乘坐速度为 90 千米／小时的火车前行，然后在该火车上以 5 千米／小时的速度朝火车前进方向步行，那么整个速度应该是 95 千米／小时（90+5）。速度可以加减，这是牛顿定律中最重要的一个结果。

我们还可以设想，我们尝试测量来自某个星星的光线速度。恒星与地球擦肩而过，继续前行，最高速度可以达到 200 千米／秒。如果一颗星星以 200 千米／秒的速度飞向地球，那么光线的速度应该是光线速度加上 200 千米，也即 300 200 千米／秒。如果一颗星星以同样的速度离开我们，那么光线速度应该是 299 800 千米／秒。所有星星的光线速度都应该是各不相同的。

但问题是，我们必须能够识别光线速度上的区别。光线速度总是相同！这个现象很奇特，不符合牛顿定理。（那时候量子物理还未证明，牛顿在三大定律上出现错误，因此他的理论总是被视为权威。）

有人开始质疑牛顿是不是弄错了，其中一个就是阿尔伯特·爱因斯坦。也许每个人都看过他的照片，见到过他蓬乱头发下的敏锐眼神。对全世界的人来说，爱因斯坦不仅是一位伟大的科学家，还是人类历史上最了不起的天才。我们总能听到有人说："要理解这件事并不需要变成爱因斯坦！"

阿尔伯特·爱因斯坦于 1879 年出生于德国巴登符腾堡州的乌尔姆市。据说他小的时候十分安静，爱思考问题，喜欢一个人玩木块和机械积木。传说爱因斯坦小时候数学很差，这让很多人心生安慰。但这个说法是错误的，小阿尔伯特完全能够跟上数学课。但是他无法忍受接受教学方式，所以和老师之间有矛盾。当时，学生必须记住一切，而他们是否理解老师教的内容并不重要。

爱因斯坦在整个学生时代都十分抗拒这种毫无意义的方法。他并不觉得记住大量数字和事实有什么重要性，他更喜欢自由思考，用自己的创造能力解决问题。这种思维方式和艺术家倒很接近，爱因斯坦本人也的确对艺术十分感兴趣。他喜欢拉小提琴，但他的朋友却都说，爱因斯坦后来选择了物理，实在是音乐界的一大幸事。

在和老师多次争执之后，爱因斯坦还是完成了中学学业，开始到大学学习物理。虽然他的大学毕业考试成绩优异，但仍旧找不到去进行科学研究的工作职位，只能接受瑞士伯尔尼一家专利局的工作。在那里，他的任务就是察看复杂机器的设计方案，并设想这种方案是否切实可行。爱因斯坦总是很快就完成，因此，每天只需要几个小时就能做完一天的工作。

在剩下的时间里，他就进行科学研究。物理学中出现大事件正好是在 19 世纪和 20 世纪世纪之交之后。威廉·伦琴首先发现了 X 射线，居里夫人研究了神秘的放射性物质。爱因斯坦对这一切都非常感兴趣。此时，他正在考虑光线是否可能由微粒组成。

爱因斯坦还了解到米歇尔森的实验，因此他知道光线速度保持不变。爱因斯坦并没有把这个事实当作悬而未决的大秘密，而是作为自己研究的出发点。他问自己："如果光线总是匀速运动，那么众所周知的自然规律到底是怎么回事呢？"爱因斯坦研究了马克威尔等式，并深入到牛顿定律和一系列其他自然规律中。

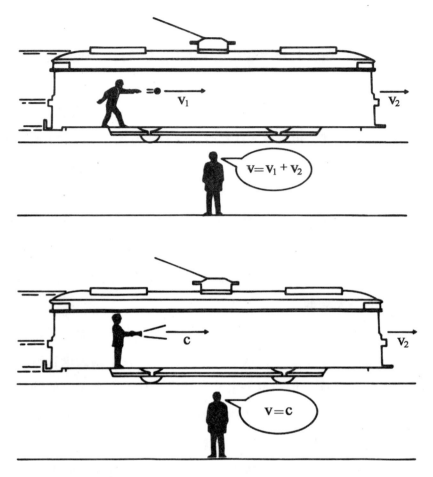

有轨电车的速度是 V_2，车上有人以速度 V_1 向前扔一个球。对于街边的观察者来说，球的速度应该是有轨电车的速度加上球本身的速度（$V = V_1 + V_2$）。对于电车上的扔球人和街边的观察者来说，球的速度是不一样的。但如果电车上的人用手电筒向前方照明，那么光线的速度对他本人，以及对街边的观察者来说都是一样，不管有轨电车的速度是多少（$V = C$）。任何以光速运动（C）的物体都是这样。没有比光速更高的速度（$C + X$）。

爱因斯坦和伦琴、居里夫妇以及其他物理学家不同。他不进行实验。在玛丽·居里用几吨沥青铀矿进行研究时，爱因斯坦手中只有羽毛笔和纸。他把当时已知的自然规律组合起来，试图应用数学公式提出新的自然规律。就像孩提时代搭积木一样，爱因斯坦将真理的不同部分重新组合，以获得新的、更重要的真理。这种研究方式在物理学中十分常见，被称为"理论物理"。

詹姆士·麦克威尔同样也是位理论物理学家。和前面提到的一样，在赫兹发现无线电波之前，麦克威尔已经对无线电波研究了 20 年。赫兹利用自己的数学公式演示了这一发现。

爱因斯坦在专利局工作，他开始提出一个公式来描述自然界中的现象。他将这些公式综合成关于自然的科学理论，在 1905 年首次向自己的同事介绍了这些理论，并且是以文章的形式，题目为《运动物体的电气力学》。这篇文章中提出的理论被称为"特殊相对论"。

文章中的许多观点和当时大多数研究者接受的观点不同，甚至相互矛盾。爱因斯坦不仅写到光线总是匀速运动。光线速度是宇宙中事物运动速度的极限。不可能有比 30 万千米／秒更快的速度！爱因斯坦的计算还表明，由固体物质构成的物体都无法达到光速。只有极少数物体才能实现光速运动！

为了理解相对论的这一部分，我们必须再在脑海里进行一次实验。

假设有人能乘坐接近光速的宇宙飞船，即 30 万千米／秒。当时最快的宇宙飞船也只能达到 30 千米／秒的速度，只有光线速度的万分之一。无法想象，我们什么时候能制造出接近光速的宇宙飞船。可是人们会想，150 年前，火车的速度才 100 千米／小时（大约 30 米／秒），已经是当时最快的运输工具。如今，我们乘坐飞机，速度已经是原来的 1 000 倍，为什么将来我们不可能再把速度提高 1 000 倍呢？

我们就从想象中的宇宙飞船开始，其速度为 30 万千米／秒。在这个实验中，一个人飞上天，我们则留在地球上，整个过程中我们都和他通过电视电话保持联系。他越深入太空，图像信号到达地球所需的时间就越长。因为这些信号都是以光速传播的。如果他经过冥王星，信号到达我们的时间大约是 5小时，其他的星星更远，时间就更长。

另外，我们还用极度敏感的空间望远镜来追踪他的旅程。这样一来，我们就能看到他的宇宙飞船。一开始，对双方来说看起来都没什么特别的。乘坐快速的宇宙飞船旅行和乘坐火车旅行没有太大区别。但是，如果宇宙飞船的速度超过了 20 万千米／秒，就能在地面观察站中看到很奇特的现象：宇宙飞船变短了，被压缩到一起。飞船速度越快，就压缩得越厉害。在速度为 29 万千米／秒时，还像厚厚的钢板，到 29.9 万千米／秒的速度时，就像薄薄的唱片一样了。

其间，还出现了一个特殊现象。在宇宙飞船上也发生了一些事情。时间走慢了。如果飞行员将镜头对准挂在宇宙飞船机舱上的一只钟表，我们就能在屏幕上看到，飞行速度越快，指针运动速度越慢。飞行员的语速也变慢。如果速度达到 29 万千米／秒，宇宙飞船上的时间比地球上的时间要慢 4 倍。29.9 万千米／秒的速度下，手表的行走速度比地球上慢 12 倍。

真正神奇的是，飞行员意识不到时间的变化。正好相反，他在机舱里看钟表的时候，和我们在地球上看手表一样，时间似乎都以正常速度在走。直到比较地理上钟表的时候，才能看出有不同之处。

如果宇宙飞船可能达到光线的速度，那么它在我们眼前就显得越来越小，直到我们看不见为止，显示屏上就会显示机舱上的时间停止了。但这是不可能的。因为在接近光速的时候，要想加快速度很难。越是接近 30 万千米／秒，要提升一点速度就需要巨大的驱动力。

原因在于，速度增加的宇宙飞船越来越重。速度 29 万千米／秒时，重量变成原来的 4 倍，在 29.9 万千米／秒时，重量变为原来的 12 倍。到最后，宇宙飞船重到驱动力无法支持。因而，重量的增加使得宇宙飞船不可能达到光速。

根据相对论，所有接近光速的物体都会缩小，重量增加，时间走得更慢。物理学家制造了大型机器来加速原子、电子和元素微粒，使之接近光速。研究者在这些机器中看到的结果证明了爱因斯坦的观点正确。

这可不仅仅是一项有趣的知识。将来，相对论会对空间航行产生更加重要的作用。因为没有什么东西能快得过光速，所以我们需要至少 4 年时间，才能到达离地球最近的一颗星星。如果宇航员的速度接近光速，那么他们可以将旅程稍微缩短。到距离地球 200 光年远的星星，只需要几年时间。但是我们不能忘记，只有宇航员才能经历。对其余留在地球上的人来说，这一趟旅程其实持续了 200 年。

通过这种方式，宇宙飞船成为一种时光机器。假设，宇航员抵达其他星球后根本不喜欢当地的生活，愿意立刻返回，往返旅程分别持续 4 年多，加起来大约 9 年。而在地球上却过去了 400 年！宇航员不仅仅进入了太空，而是进入了未来。问题是，他们永远无法回到过去。这种时光之旅只朝一个方向进行：未来。宇航员的亲朋好友早已作古，他们本身却没有发生任何变化。因此，时光之旅看起来并不如想象得那般诱人。

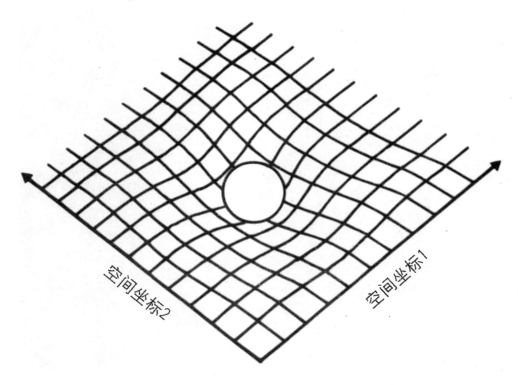

思想模型，可以直观表现出爱因斯坦关于重力的设想。

虽然在爱因斯坦之前也有研究者提出过和相对论相关的看法，他却第一个证明，在接近光速时特殊现象之间有什么样的联系。

相对论很快为全世界的物理学家所知。虽然爱因斯坦的观点很不寻常，但是公式却令人信服，很多人立刻接受了它们。物理学家意识到，爱因斯坦是一位天才，也许和艾萨克·牛顿一样伟大。人们把爱因斯坦比做牛顿并非偶然。相对论主要研究运动和速度，和牛顿三大定律一样。

爱因斯坦证明，在高速运动的物体上不可以应用牛顿定律，并提出了新的公式。但这不意味着，牛顿定律就因此失去了自己的价值。在运动较慢的物体上，牛顿定律完全正确。甚至向遥远星球发送空间探测器的科学家也借助牛顿公式来计算其轨道。

人类付出几千年的努力所了解的也许连宇宙奥秘的万分之一都不到，而黑洞所具有的强大魔力却足以改变整个宇宙。

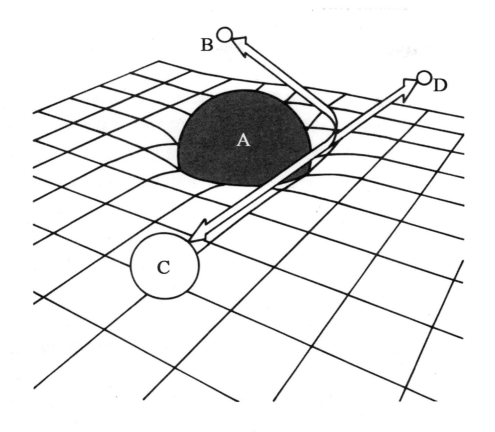

爱因斯坦提出的时空连续体变形。太阳的重量（A）在自己的时空连续体附近凹陷。造成的结果是，远处恒星（B）的光线靠近太阳时，方向发生改变。在地球（C）上看，光线似乎是从完全不同的方向(D)照射过来的。

1911 年，爱因斯坦在大学找到固定的职位，终于能将全部时间都投入到对宇宙的研究上。他集中精力思索一个问题时，经常会闹出一些笑话。他在外面可能会给自己的妻子（大量参与他的公式研究）打电话，问他自己为什么出来了，他应该去拜访谁！

虽然说到相对论，好像是在指一种理论，但实际上它是两个理论。我们提到过 1905 年的特殊相对论，1915 年又产生了普通相对论，是二者中更难更重要的一部分。这个理论主要研究时间和空间以及重力。重力仍旧是不可把握的事情。牛顿提出了一个公式描述月亮如何围绕地球旋转，但是该公式没能说明重力到底是什么。重力是一种看不见的绳索，穿越空间，连接月亮和地球。

爱因斯坦找到了一个完全不同的答案。他并没有将重力当作一种从地球出发延伸到太空的隐形力量，而是认为重力能影响宇宙本身。月亮、太阳和其他一切有重力的物体，都在影响着宇宙。但是如果可能的话，宇宙绝对不会是真空的，宇宙是一种受到重力牵引的物质。重力可以造成空间的变形。这是科学里最难的一种理论，要真正理解它，就必须具有和爱因斯坦一样的天才头脑。

科学家经常进行头脑中的实验，以便理解爱因斯坦对重力的设想。他们将宇宙空间比做橡胶线构成的薄网，延展在空间中。假设，我们将一个重球放到薄网中间，球的重量会造成一处凹陷。橡胶线构成的薄网在球下面弯曲，就相当于宇宙空间相对于某个星球发生凹陷。

如果我们在薄网上再放上一个小球，它会滚向大球，也即朝凹陷的地方运动。球落到地面上时，也会发生相同的情景。地球上似乎有看不见的力量在吸引球，但实际上是球滑到了地球在空间中造成的凹陷中。

也有可能让一个小球遵循一定轨迹在大球造成的凹陷中环绕。爱因斯坦设想，月亮就是如此围绕地球旋转的：地球在宇宙造成的凹陷之下，月亮在围绕地球运动。

物体越大越重，橡胶网中的凹陷就越深，在宇宙空间也存在同样的道理。恒星比行星造成的凹陷大，因此，地球和月亮在凹陷中与其他行星一起围绕太阳旋转。太阳则位于另一处更大的凹陷中，这处凹陷由我们的银河系造成。

想法本身十分独特，但是爱因斯坦的思想更深邃。他说，不仅仅是宇宙空间以这种方式变形，时间也是。时间和空间是一体的，爱因斯坦赋予它们一个共同的名称：时空连续体。如果时空连续体中某个行星造成凹陷，同时也会在空间和时间中造成凹陷，这就带来奇特的现象：在凹陷中，时空连续体比其他地方走得更慢。

宇宙空间中有个现象对爱因斯坦的相对论十分重要，那就是黑洞。黑洞是带有强烈重力的天体，甚至光束都不能逃脱（比宇宙中其他所有物体的运动速度都快）。因此天体不会呈现出任何光线，而是保持黑色。根据相对论，黑洞是时空连续体中的无底深井。落入黑洞的物体（比如说空间探测器）永远无法出来。进入黑洞的光线也不会再度出现。在深井底部，发生着相当神奇的事情。

假设一个空间探测器落入黑洞，每秒钟发出一个信号，而在离黑洞不远且安全的地方有一个宇宙飞船能接收到这些信号。如果空间探测器进入黑洞，那么宇宙飞船接收的信号之间的间隔会延长。最后，两次相邻信号之间间隔的时间就会是几年。对于空间探测器而言，一切如常：它仍旧每秒发出一个信号。时空连续体中的凹陷导致时间以这种方式被"延伸"。

在我写下这些内容的时候，天文学家相信早已发现了黑洞，位于银河系的中心，但并非一切都百分之百肯定。由于黑洞是黑的，我们无法直接看到，必须寻找黑洞存在的其他证明。

1919 年，人们发现了第一个证明，能够说明爱因斯坦普通相对论的正确性。自此，人类进行了无数次实验，都和普通相对论完美符合。我们在太空中看到的一切物体都证明存在时空连续体，并且行星的时空连续体会发生凹陷。现在我们知道，时间在凹陷中会变慢。物理学家在远离地面的地方放置原子钟（非常精确的钟表），这些钟表比地面上的走得快一些。区别并不明显，但的确存在，只有相对论才能合理解释这种现象。

当其他研究者发现相对论正确的证明时，爱因斯坦仍旧保持平静。他似乎一点也不吃惊，很明显，他认为宇宙自然就是这样的！听起来有点自负，毕竟我们在自然界中看到了事实才能决定他的理论是否正确。阿尔伯特·爱因斯坦不仅有才干，还十分有修养。他的归纳能力很强。归纳就是指在还未获得充分信息的情况下，综合得出正确知识的能力。杰出的研究者，如米歇尔·法拉第和路易斯·巴斯德，在还无法证明的时候，就常常感觉到一些观点是正确的。

不过，盲目相信自己的归纳十分危险。例如，爱因斯坦坚信，量子物理有错误，他花费了很多时间试图推翻量子物理理论。但结果表明，量子物理有据可循。

作为一位科学家，爱因斯坦还犯了另外一个错误。相对论说明整个宇宙的延展，所以存在其中的事物也朝各个方向延展。通常情况下，爱因斯坦完全相信自己的公式。但是这一次他失误了：宇宙并不完全是这样的！

第二十八章

宇宙大爆炸

在 20 世纪 20 年代，天文学家常常讨论银河系是否可能是聚集在恒星周围的云层，或者银河系是大量恒星的聚合，如同太阳所在的银河。由于借助当时的望远镜无法做出肯定的断言，热烈的"银河之争"持续了很多年，天文学家自己也不确定自身到底处在一种什么样的宇宙中。但有一点几乎是大家都同意的：宇宙是无限延展的。

因此，爱因斯坦修改了相对论来适应天文学家相信的事实。他后来也承认，这次修改其实是个错误。在 20 年代后期，美国天文学家艾德温·哈勃观察到，银河系似乎真的在移动。

艾德温·哈勃可能是第一个测量到邻近的仙女座星云距离的人。他希望拍到尽量多的星系照片，能获得关于星系外貌的确切信息（河外星系的形状各不相同）。哈勃使用了当时最先进的望远镜，能拍摄下星系的各种光谱。别忘了，艾萨克·牛顿发现三棱镜能将一束白光分解为七色彩虹。这些颜色就被称为光谱。

19 世纪初期，德国光学制造商约瑟夫·冯·弗劳恩霍菲发现，太阳的彩虹颜色光谱中有一条黑线穿过。他发现了光线的秘密，因为，物理学家认识到，太阳光谱中的黑线是由化学物质造成的。比如说，太阳光谱中黄色部分的黑线由元素钠产生。物理学家在实验室里燃烧钠的小颗粒时，发现光谱中出现相同的黑色，立刻就知道是怎么回事了。

研究者在实验室和在太阳光谱中观察到黑线的地点相同，那就表明太阳上存在钠。因此可以获知太阳包含的元素，虽然太阳距离地球 1.5 亿千米远。

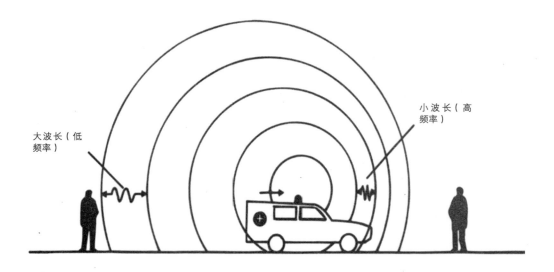

多普勒效应。和在声波中一样，银河远离我们的方向运动时，光线的波长也会延长，光线振动的频率降低，在我们看来，光线颜色越来越红。

渐渐地，天文学家发现，恒星、行星和银河都会呈现类似的黑线。他们便知晓，距离我们很多光年的恒星成分和太阳相同。

哈勃研究银河光谱，测量黑线的位置。奇特的事情是，黑线并没有出现在太阳和其他恒星上出现的地方。银河的黑线位置发生了偏移。

当我们观察一个光谱时，颜色总是以相同的顺序排列：紫色、蓝色、绿色、黄色、橙色和红色。哈勃在黄色部分看到了通常出现在绿色部分的黑线，而应该出现在绿色部分的黑线，现在位于红色部分，所有黑线都向红色部分移动。

哈勃见过这种现象。1842 年，奥地利物理学家克里斯蒂安·多普勒发现，如果声源移动，那么声音也会发生变化。每个人都曾无数次经历过：站在街边，听到救护车呼啸而来。救护车从身边经过的时候，警铃声明显增大。马路上的其他车辆也是如此。比如说，车开过我们身边时，发动机的轰鸣声会更明显。

多普勒认为存在这种现象的原因在于，声音是呈波浪状传播的。光线也由光波组成，实验表明，如果光源位置移动，光线也会发生变化。如果光源远离我们，光源不一定会变得更红。人们在地球上永远看不到这个现象——

确定扩展
运动较慢的星系（图1）的光源到达地球的时候几乎没有发生任何变化，而运动较快的星系（图2）则明显延展，出现红色。红色位置的大小根据深色的吸收线来测量，也就是光谱中的细长黑线。情况还表明，距离最远的星系运动最快。

图1

图2

处女座星系，距离地球3900万光年，逃逸速度：1200千米/秒

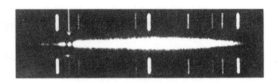

大熊星座星系，距离地球4.9亿光年，逃逸速度：1.5万千米/秒

北冕座星系，距离地球7亿光年，逃逸速度：2.15万千米/秒

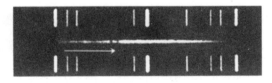

牧夫座星系，距离地球12.7亿光年，逃逸速度：3.9万千米/秒

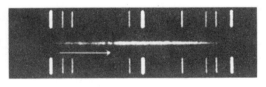

长蛇座星系，距离地球20亿光年，逃逸速度：6.1万千米/秒

让光线变红所需的速度太快了。

宇宙空间中则不同，所有物体都以无法想象的高速运动。艾德温·哈勃看到，整个银河的光线变得偏红，只能得出一个结论：所有星系都在远离我们。哈勃还测量星系的速度，并断定速度常为每秒几百千米。

下一步必须知道，各个星系相互距离多远。这个任务可不简单，借助视差可以计算恒星之间的距离，但是计算星系之间的距离却不可能。星系相互之间距离太远。

对这个问题的解决还是一次偶然。在 20 世纪初，女天文学家亨利爱塔·莉维特将所有关于恒星的知识都集中到一个大型目录中。当时女研究员的工作总是无聊的日常琐事，比如她们必须将上千颗恒星的信息分别归类到不同表格中。

但是此类工作是科学发展所必需的。我们知道，卡尔·冯·林耐也曾将动物和植物分类，这对我们的知识积累十分重要。在分类恒星时，亨利爱塔·莉维特发现有几颗恒星十分特别。

这些恒星都属于一个天文学家认为的"变化的恒星"类型。意思是，它们并不总是发出相同强度的光芒——有时候光线更微弱，有时候更明亮。宇宙中存在很多这类恒星。但亨利爱塔·莉维特发现的特殊之处并不是恒星的光线强度随着时间发生变化，而是光线强度如何发生变化。

莉维特断定，这类恒星在明暗之间转换的时间越长，发出的光芒就越明亮。其中较弱的一颗恒星会在一天到两天之内变得很亮，然后暗淡下来。而光线强的恒星在光线暗淡之前可以保持几个月发出明亮光线。

在头脑中进行实验就能知道是什么意思。假设我和两个朋友晚上在路上走。每个朋友手上都拿着一个手电筒。其中一个手电筒光线很强，另一个比较弱。我请朋友朝前方行走，而自己停止不动。

10 分钟之后我请他们打开手电筒，并把光线对准我。现在，我看不到任何人，只能看到光线和手电筒。一个亮，一个暗。开始我认为，强光是从功

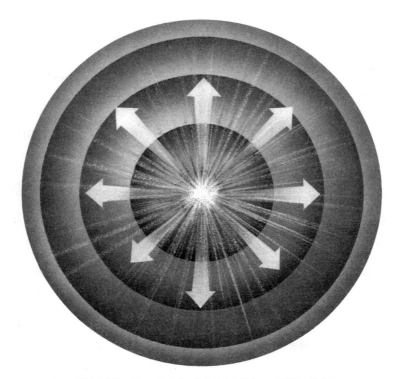

创世大爆炸。约150亿年前，宇宙很小但很热。一次爆炸，即"创世大爆炸"，使它开始了膨胀和变化的过程，而这种膨胀和变化至今仍在继续进行着。在爆炸发生的几分钟内，原子微粒结合成氦和氢。经过千百万年之久，这些氦和氢逐渐形成了星系、恒星以及我们今天所知道的宇宙。

率大的手电发出的。但是我又不确定，难道不是手持低功率手电筒的人离我较近，手持高功率手电筒的人离我较远吗？

大家肯定都观察到，明亮的物体离观察者越远，光线就越弱。因此我们知道，功率再强的手电筒，如果离观察者距离远，也不如近处的低功率手电筒显得亮。如果我们只能看到手电筒的光线，那么就无法确切知道，哪个手电筒功率更低，也无法知道，光源距离我们多远。

现在，我假设一开始就和朋友说好了，低功率手电筒每秒钟开关一次，另一个手电筒每5秒钟开关一次。在10分钟后他们开始开启自己的手电筒，那么我就能知道哪个手电筒功率更强，就是开关之间需要更多时间的那个。

亨利爱塔·莉维特发现的恒星类型就有这种表现。它们被称为变星，因为它们当中第一个被发现的属于仙王座（就在大熊星座旁边）。莉维特在 1913 年获得了这个发现，她的同事很快就认识到这个发现的重要性。当他们发现并且测量一个恒星变星明暗变化所需的时间时，同时也知道该恒星的实际亮度大小。一旦知道了实际亮度，他们就能将计算出的亮度和在地球上看到的表象亮度相比较，从而得出距离。

艾德温·哈勃在 20 世纪利用仙女座星云中的一个恒星变星来测量这个星系的距离。他观察到恒星的变化方式，预计出恒星的亮度，并从中计算出距离。恒星变星帮助天文学家找到第一种可以应用到星系上的距离标准。后来，哈勃和其他天文学家又发明了其他方法来测量星系的距离，但是变星技术仍旧是最可靠的。

宇宙中无数的恒星也在不断运动。

在艾德温·哈勃计算星系距离的时候，他不仅断定星系的距离多为几百万光年，还发现，远离我们的星系比附近的星系运动得更快。星系离银河越远，逃离银河的速度就越快。这就是今天人们所说的"哈勃效应"。哈勃为该现象提出了一个简单的公式。

哈勃效应也说明，宇宙正在以巨大的速度向各个方向延伸。一些天文学家一开始并不愿意相信这一点，但看到相对论和对星系的观察说明相同的事情，很快也接受下来。

现在的问题是：为什么宇宙在延伸？是什么让星系向各个方向延伸？1931年，比利时的天主教神学家兼天文学家乔治·勒梅特找到了答案。他设想，宇宙中存在的万事万物都在几十亿年前聚集成一团（混原），然后，聚成的块发生大爆炸，所有的碎片都朝宇宙的各个方向飞散而去。1948年，这次原始爆炸拥有了英文名Big Bang，意思是创世大爆炸。自此，该理论也被称为宇宙大爆炸理论。

如今，天文学家假定，宇宙大爆炸不是一次普通的爆炸，因为图像常表明，宇宙大爆炸是黑暗空间中的光线爆燃。但事实并非如此。因为爆炸时不仅产生后来渐渐变为恒星和行星的原子，还产生时间和空间。在宇宙大爆炸之前，既不存在空间，也不存在时间。在大爆炸之后，宇宙空间开始扩展，宇宙空间中存在的一切也随之而扩展。如果说我们观察到星系相互逃逸，那么原因在于整个宇宙空间向四处延展。

一开始，只有星系的运动指明宇宙大爆炸理论的正确性。当研究者手中的论据不足时，他们常会寻求其他解释。50年代曾出现过另一个能解释星系逃逸的理论。一些英国科学家和美国科学家设想，宇宙不是在创世大爆炸后产生，而是在不断扩展自己。宇宙没有开始，也没有终结，只是在永恒地扩展。这个理论叫作Steady State，意思是稳定状态，也就是宇宙根本不会发生变化。

稳定状态理论的问题在于，如果星系不断相互逃逸，宇宙总会在某个时间是空洞的。但是新理论的信奉者相信自己能解决这个问题。他们假定宇宙中的物质会不断补充。宇宙空间中不断出现新的原子，形成新的恒星和星系来填充星系不断逃逸造成的空洞。

听起来很奇怪，但是根据量子物理，原子实际上可以随机产生。因此，许多科学家认为，必须重视稳定状态理论和宇宙大爆炸理论，直到找到一个确切的解释。

1965 年，人们终于找到了合适的理论。两个美国天文学家阿尔诺·彭齐亚斯和罗伯特·威尔森测试一个大型广播天线，可以和环绕地球的卫星交换信号。在偶然情况下，他们发现天线能接收完全未知的无线电波，不管朝哪个方向扭转天线，总是能接收到这种无线电波。彭齐亚斯和威尔森一开始认为这是天线的缺陷，然而他们后来发现，这和无线电波是从遥远的太空发出的。

从 20 个世纪 40 年代开始，天文学家开始研究天空中的无线电波。他们知道，太阳和木星发射无线电波，并且无线电波只来自天空的一小部分。银河也发射无线电波，但它的无限电波只沿着我们在夜空中能看到的苍白带状传播。彭齐亚斯和威尔森接收的电波却是来自天空的各个角落。仅这一点就能表明，电波来自整个宇宙，那么宇宙一定是一个巨大的无线电台。

所有这一切都能用宇宙大爆炸理论轻易解释。在创世大爆炸中，大量的光和其他形式的电磁辐射都被释放出来。现在，爆炸发生 100 亿到 200 亿年之后，释放的辐射的剩余部分可以以无线电波的形式被接收。宇宙论者大约能预计到，如果宇宙大爆炸理论正确，他们将会看到什么辐射，并且他们看到的结果符合彭齐亚斯和威尔森的观察。与此相反，稳定状态理论的信奉者无法解释辐射的来源，因此越来越多的人放弃了该理论。自此，天文学家还观察到大量支持创世大爆炸理论的现象。

在此，我们也对科学的作用稍有了解。如果 1964 年人们发现，彭齐亚斯和威尔森观察到的辐射符合稳定状态理论，那么我介绍的创世大爆炸理论很可能已被大多数人遗忘。科学并不仁慈,天文学家的工作如果用到错误的理论,只能是徒劳。虽然人们也说错误答案非常重要,但对于研究多年得出这个结果的人来说,仅仅是种虚弱的安慰。

不过,稳定状态理论有一个优点,它能为我们知道的两个最难的问题提供答案:宇宙如何形成？宇宙之前是什么？按照稳定状态理论,宇宙之前什么都没有。宇宙一直存在,时间和空间上都是无限的。

宇宙无限是个特别的想法,但要注意,数学中的无限很普通。无限大的数字甚至还有符号,即平放的8。我们已经知道,自然界常遵循数学规则,在数学和自然之间存在着某种联系。由于数学的无限性十分普通(比如在1和2之间存在无数个分数),可以设想,自然界中也常出现无限性。

宇宙大爆炸理论则不同,它说明宇宙不是无限的。宇宙在100亿到200亿年之前产生,此前是什么人们无法知道。许多宇宙论者相信,我们永远找不到答案。他们认为,宇宙的形成过程是开始什么都没有,然后就产生一切。

听起来的确不十分合理。但是没有原料,何来成品？不过量子物理告诉我们,这是完全可能的。个别宇宙论者认为,不断有新宇宙产生,我们的宇宙只是宇宙无限性的一部分。

如果我们已经提出难题,那么还可以提出更多。如果宇宙基于自然规律产生,那么自然规律一定比宇宙的岁数更大。自然规则从何而来？量子物理如何产生？

宇宙论者回答不了这个问题。可是,有些人敢于尝试。比如,天主教会很快就表明态度支持创世大爆炸理论。并不奇怪,因为大爆炸和《圣经》中表述的创世纪有一定的相似性。因此,教会说:科学可以解释宇宙大爆炸之后发生的事情,但是只有教会知道那之前的情况。上帝是宇宙大爆炸后面的那个人。

那么,我们还能提出一个问题:上帝从哪里来？教会的回答是,上帝一直存在。但是,许多宇宙论者持反对意见,如果上帝永远存在,那么自然规律为什么不会永远存在呢？我们有永远的自然规律，能不断产生新宇宙。

可能研究者永远也找不到统一的答案，到底宇宙在大爆炸之前是什么。宇宙论也许表明，探索真理的旅程也有一定的界限。

英国研究者J.B.S.霍尔丹写道："宇宙不仅比我们理解得更独特，而且比我们能够理解得更独特。"他认为，我们的大脑不足以理解宇宙。人类大脑充满幻想，很容易相信自己的理解力有无限潜力。但如果真的有局限呢？如果是现在的人太笨而无法理解宇宙呢？

为什么不可能是这种情况？人类的祖先原始人也许无法理解为什么地球存在于一个空洞的宇宙中，并且围绕太阳旋转。也许有一天，人类会具有聪明的大脑，而无法理解为什么我们不能解释宇宙的形成。

宇宙论另外还表明，在探索真理过程中绝对不能太过自负，很有可能存在超出我们理解之外的真相。

第二十九章

人体中的大型图书馆

　　有时候，科学理论就像填字游戏一样让人费神，似乎就差几个字就能找到最终答案。虽然让人心急，却迫使我们继续思考。查尔斯·达尔文的进化论就是这样一种科学理论。

　　一切事实都表明，达尔文说得有道理。他的论述和我们如今看到的自然界相吻合，和地底深处的化石相吻合。但仍有一个问题未能得到解决。达尔文的理论基础是，动物和植物的后代继承前辈的特征。如果一个动物拥有十分有利的特征，那么该动物的幼仔一定会继承这个特征。如果情况并非如此，进化论就不正确。达尔文本人也知道，因此，他希望确定特征是如何得到遗传的。

　　从现代的角度看，进化论中有一部分已经过时。达尔文认为孩子是父母的一种混合体。他相信，动物血液中的某种液体能确定动物的特征，当两个动物交配，父母辈的血液就会融合在一起，通过这种方式把特征结合到幼仔身上。

　　如果过程真是这样，可能会产生十分奇怪的结果。按照达尔文的理论，一个身材高大的男子和一位身材娇小的女子结合，他们的孩子只可能拥有中等身材。但大家马上发现，这个说法不正确。孩子有可能和父亲一样高大，也可能和母亲一样矮小，或者身材中等。其他特征也是如此，比如说外貌。很少有孩子正好是父母特征组合的一半。许多生物学家指出了达尔文理论中的此项缺陷，他也无话可说。

　　如果当时的一位奥地利修士格雷戈·孟德尔的行动力更强一些，历史就会出现新的走向。查尔斯·达尔文写《物种起源》时，格雷戈·孟德尔正在捷克城市布瑞恩种植豌豆和豆角。他曾想做一名科学家，但是成绩不够好，无法进入大学学习。因此，他进了神学院，在修道院成为自然科学方面的讲师。孟德尔生于农民家庭，他也因此对植物学感兴趣，在修道院的花园中进行各种实验。

研究植物的很大一个优势在于，植物学家能影响植物的繁殖。例如，豌豆和豆角中，花朵上同时有雌性部分和雄性部分，植物的雌性部分叫作雌蕊，雄性部分叫作雄蕊。当雄蕊的花粉落到雌蕊上，就完成了授粉，产生胚珠，随后发育成新的植物。

在自然界中，授粉是由风将花粉吹到雌蕊上，或者由昆虫携带花粉落到雌蕊上完成的。但植物学家用工具将雄蕊上的花粉传递到雌蕊上，也能让植物繁殖。并且，通过这种方法，植物学家可以"强迫"雌蕊和所选定的植物雄蕊进行繁殖。

18世纪人们就开始采用这种种花的技术，比如说培育新的花色。在大面积的花田中，十分有可能会出现个别新颜色的花。如果种花人发现了这种花，就会将此花的花粉和同类的其他花粉结合，从而获得新颜色的花朵。新的颜色就是第二代从第一代继承下来的。

格雷戈·孟德尔知道，许多研究者把注意力集中在遗传的问题上。他想到一个主意：如果有规定父母特征如何遗传的自然规律，那么这些规律一定能在植物身上观察到。1854年，孟德尔开始着手研究。他首先和花匠一样，把一种植物的雌蕊和另一种植物的雄蕊结合到一起。等到种子长出后，他播下新的种子，培育新的植物。然后，孟德尔又将长出的植物幼苗互相授粉，获得种子。当他仔细观察第一代植物的"孙子辈"时，发现植物的高度发生了变化。如果第一代植物一高一矮，那么第二代的所有植物都很高。矮植物的特征似乎消失了。但是在第三代植物中，又出现了较矮的植物。4株第三代植物中，3株一样高，有一株比其他植物矮。

孟德尔仔细辨别花的颜色或者豆角的形状颜色时，也发现了类似的情况。虽然很难全面了解植物遗传到的不同特征，孟德尔还是发现了其中的系统性。

孟德尔对豌豆和豆角的研究持续了十多年，发现植物真的是按照一定的规则来繁殖的。花柄的长度和花朵颜色并不是偶然分布的，而是按照特定的规则从一代遗传到另一代。豆角的颜色也遵循同样的规律。孟德尔写下的这些规律，如今被称为孟德尔遗传规律。

此处我将不再赘述遗传规律，因为它十分复杂。对我们而言，最重要的

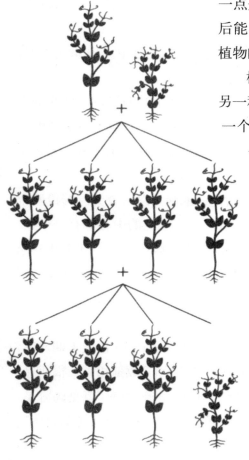

一点是：孟德尔证明了，不存在什么液体融合后能将父辈的特征合理地分配到下一代体内。植物的特征似乎更多是由颗粒物质遗传的。

植物的雄蕊提供一种遗传物质，雌蕊提供另一种遗传物质。每个特征都有一个遗传物质：一个是花朵的颜色，一个是花柄的长度，一个是豆角的形状，还有一个是其他特征。

孟德尔认为自己有了重大发现，对达尔文的进化论也很重要。1866年，他写了一篇关于自己实验的文章，并寄给了一位生物学教授。

但教授并不相信文章中的叙述，并以嘲讽的口吻回复了孟德尔。孟德尔深受打击，停止了自己的研究。他还向一份只在布瑞恩发行的报纸上写了一篇文章，因此，在他生前读过该文章的研究者寥寥可数。达尔文去世的时候，也不知道进化论的最大问题已经有了答案。

孟德尔的遗传结构图，图中是高豌豆和矮豌豆。高豌豆和矮豌豆结合生成的第一代豌豆全是高豌豆（中间一行）。同一代的高豌豆结合，却生成了3：1的高矮豌豆。

1900年，孟德尔已经去世20多年，人们重新发现了他的遗传规律。在3个不同的国家，科学家发现了相同的规律，并且都承认，孟德尔是第一个做出此项发现的人。因此，新的学说以他的名字命名。直到多年以后，研究者才了解到，孟德尔的遗传规律适用于所有生物，当然也包括人类。

最明显的是人类的一种血液疾病，即身体受伤后血液不能凝固。古时候，患上这种疾病的人只能等待死亡，即使最微小的伤口也会让他们流血不止。科学家进一步研究这种疾病的时候，发现该疾病是符合孟德尔规律的遗传性疾病，也就是说，疾病和花朵颜色一样能遗传到下一代。

这个论断让研究者相信，人类和其他生物中也存在着遗传物质。问题是，那些遗传物质到底隐藏在什么地方？

不完全的回答当然是，遗传物质存在于构成生物的细胞中。19世纪中期，研究者知道，所有植物和动物都由微小的"基石"构成。

此时，人类的第一台显微镜问世，能够观察到微小的细胞。当时的研究者断定，细胞也是一种生物。细胞产生自身需要的能量，可以产生化学物质，并从周围环境中吸取营养（动物体内的许多细胞都从血液中吸取养分）。另外，细胞还能增加自身数量。

大约在19世纪中期，生物学家还得出结论，细胞可以一分为二形成两个细胞。将一个细胞分开，就会发生奇特的现象。每个细胞的中心都有一个核，即颜色较深的区域。在细胞分裂之前，细胞核似乎要解体。许多纤维状的东西出现，并不断地两两相邻。然后，每一组"纤维"中都有一根纤维移动到细胞的另一侧。等到"纤维"全都移动完毕后，细胞的中部开始缩紧。最后，细胞中间细得像沙漏，并分裂成两个细胞。

两个新细胞中的"纤维"重新聚集成细胞核。研究者在19世纪末期发现，每个新细胞所含的"纤维"数量和分裂前细胞所含的"纤维"数量相同。很明显，细胞核必须保持一定数量的"纤维"。如果细胞有颜色，观察"纤维"就更为容易，因此，人们给纤维起了名字叫"染色体"，希腊语中的意思是"有颜色的物体"。

细胞自行分裂的事实十分重要。一个细胞不能永远存活，必须在寿命终结以前自行产生新的自身复制品。在我们的身体内，不断通过这种方式产生新的细胞，而旧细胞死去、消失。

所有细胞总是包含相同数量染色体的规律，有一个例外，那就是和生殖有关的细胞。17世纪，人们发现了雄性的精细胞，后来又发现所有雄性生物都有这类细胞。1827年，德国研究者卡尔·恩斯特·冯·巴尔断定，女性也有对应的细胞——卵细胞。1875年，生物学家发现，生殖过程中，精细胞和卵细胞结合形成一个唯一的细胞。

人类的普通细胞拥有46条染色体。女性的卵细胞和男性的精细胞中只含有23条染色体。当精细胞和卵细胞结合，产生一个细胞，各提供23个染色体，

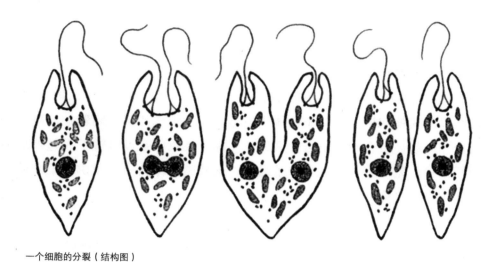

一个细胞的分裂（结构图）

一共是 46 条染色体，正好是一个细胞应有的染色体数量。

研究者开始考虑：如果后代的特征来自父母，并且后代的细胞包含一半父亲的染色体和一半母亲的染色体，那么遗传物质就应该存在于这些染色体中了？看上去，染色体似乎是孟德尔曾猜测的遗传物质。

但是人类具有的特征远远不止 46 个。想一想，我们为什么是人而不是花朵，就会发现，有上千种特征让我们成为人类，而不是花。因此，人类不可能通过每条染色体遗传到一种特征。染色体一定拥有成百上千种人类特征。

1909 年，人们发现了遗传物质"基因"，在希腊语中的原意是"制造"。随着新词的出现，专门研究生物如何遗传的科学也拥有了自己的名称——基因学。研究基因学的科学家叫作基因科学家或者基因学家。

基因获得名字的时候，美国研究者托马斯·摩根开始研究果蝇。这些苍蝇体形很小（2 ~ 4 毫米长），身体呈黄棕色，有红眼睛。果蝇和其他生物一样，有不同的特征，这些特征也会遗传。果蝇的优点在于，捕捉到它们以后能简单快捷地培育起来，每次交配会产生 200 个"小果蝇"，小果蝇出生 8 到 10 天后就能相互交配了。

果蝇首次交配后的一个月内，就能拥有重孙辈，而人类能见到自己曾孙的并不多。果蝇的细胞中只含有少量的染色体，并且可以用普通的显微镜观察，摩根弄清楚了很多关于染色体如何承载遗传物质的情况。

他还发现了新的遗传规律，和孟德尔的遗传规律稍有不同。实际情况似乎比孟德尔设想得更为复杂。摩根还断定，基因是染色体的一部分，因为果蝇染色体上的基因呈现为深色带状物。下一步必须了解，基因由什么物质构成。和自然界的其他物质一样，染色体当然是由原子组成的。但问题是，原子如何组合在一起，组合的原子是什么原子。由于染色体在显微镜下看起来是细细的纤维状，完全有可能由长分子组成。这种染色体分子可以由上千个原子组成，共同构成长长的链接。

化学家已经参与基因研究中很多年，他们非常熟悉分子。因此，他们发现，染色体包含一种化学名称很长的分子脱氧核糖核酸（DNA）。他们知道，分子相对原子来说十分巨大，分子可能包含数十亿个原子，构成长链。这种分子和水分子比起来非常大，水分子只由 3 个原子组成，1 个氧原子和 2 个氢原子。

DNA 分子包含基础物质碳、氧、硫、磷和氢。5 种不同的原子组合在一起，全都能保存发育成人所需的信息。这种可能性是研究者无法想象的。信息是如何得到保存的呢？而人体又如何"读取"这些信息呢？

研究者必须解释 DNA 分子的一个特殊属性：它可以复制自身。当一个细胞分裂，新细胞自动包含和原细胞相同数量的染色体。在显微镜下我们可以看到，染色体的数量成为原来的两倍。由于 DNA 分子存在于染色体中，那么在细胞分裂时一定存在两倍数量的 DNA 分子。

为了理解分子的作用，我们必须了解它的外貌，仅仅知道分子包含的原子种类或者每种原子的数量还远远不够。基因研究者必须精确了解分子的外形。

听起来复杂，实际上的确很复杂。DNA 分子的确由无法设想的微小原子组成，存在于几纳米大的细胞中。在普通的显微镜下不可能看到这些分子，即使是高倍电子显微镜也无济于事。尽管如此，基因研究者还是找到一个解决办法。他们不用眼睛，也能"看到"DNA 分子。

采用的技术如下：假设房间中心有一把椅子。由于某种原因，我们无法直接看到这把椅子。我们只能看椅子的阴影。我们在椅子前放一盏灯，墙壁上就出现椅子的阴影。影子让人疑惑：4 条椅子腿似乎并列排在一起。

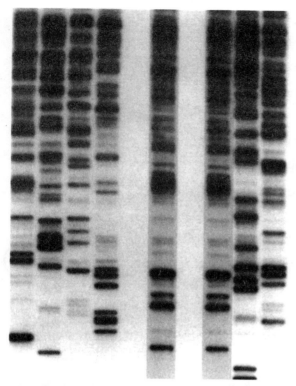

DNA 也能帮助刑警确认罪犯。在案发现场的血迹中可以获得 DNA 样本（中间）。然后将样本和嫌疑犯的 DNA 进行比较。右侧的 DNA 和现场血迹中的 DNA 样本相吻合。DNA 指认出罪犯，让其他嫌疑犯解除嫌疑。

然后我们把灯靠近椅子，再观察墙壁。现在，椅子腿和靠背的位置都发生了改变。如果我们调整两次灯，就会获得 4 次不同的投影。现在我们来仔细观察这些投影，就能推算出椅子的实际外形。

英国科学家罗莎琳德·富兰克林是很多采用这种方法的人之一，但她却没有使用可见光线，对于如此微小的对象，只有伦琴射线才有用处。DNA分子的阴影保留到胶片上，人们要做的就是解释相应的图像。

一个 DNA 分子比一把椅子让人迷惑得多，因此，投影图像一点儿也不清晰。但是最终解释 DNA 分子的两个科学家——弗朗西斯·克里克和詹姆士·威特逊采用了一种近乎幼稚的方法。他们利用了纸板做成的模型，纸板代表不同的小分子，小分子构成大的 DNA 模型。如果纸板以不同的方式组合在一起，就能构成不同外表的 DNA 分子，可以用来和图像进行比较。

这类分子积木常用在化学研究中，能提供实际分子的外貌。这些积木常常由小塑料球和小木棒组成，小塑料球代表原子，小木棒用来连接原子。科学家和其他人无所不同：如果他们能观察并接触到具体的东西，对一个问题的理解就会更深。

克里克和威特逊并不是一次就完成正确的模型制造。正好相反，他们用不同的模型尝试过无数次，并设想每个模型可能投射的阴影。他们还注意到，分子的形状要符合化学知识。因此他们也向其他研究者请教。在不断地放弃和不断重新开始的过程中——每当他们相信已经发现了DNA分子的正确外貌时，某个小细节就会让他们回到原点。

1953年4月，他们终于能够制造出一个符合一切条件的模型，符合化学知识，也符合投影。模型表明，DNA分子由两个相互连接的螺旋形分子链组成。在某种程度上，DNA分子很像一部旋转楼梯，分子是连接两个螺旋之间的台阶，并且是上百万级台阶的螺旋楼梯。

如果没有化学知识，就很难理解这种构造的天才之处。不过，我试着向大家解释一下。

前面说过，研究者一直在思索分子如何复制自身。每次细胞分裂时，都会发生复制，因为新细胞和旧细胞所拥有的染色体数量相同。

一个细胞的染色体包含DNA，基因记忆载体。在活细胞中，DNA分子分别成对位于螺旋形的双线分子中。要繁殖时，分子会产生自身的一个复制品，首先双线断开，随后断开的两半分别开始复制。

由于DNA分子由两个相互连接的螺旋形构成（因此也称为双螺旋），因此每个分子都能分裂，让两个螺旋形分开。分子的属性还包括，DNA的每一半都能复制出新的一半，由更小的分子组成，能在细胞中游移。因此，分裂后重新产生两条完整的DNA双螺旋分子，落入各自的细胞中。

克里克和威特逊的发现带来巨大反响。这是20世纪最重要的发现（弗朗西斯·克里克相信自己已经解开了"生命之谜"）之一，很快，全世界都知道了DNA双螺旋。它和阿尔伯特·爱因斯坦的面部一样，成为20世纪科学的一种标志。

第三十章

生命的秘密

对基因研究来说，发现 DNA 分子的外形是重大进步。人们在黑暗中摸索基因，用豌豆交配实验或者培育果蝇的方法，已经成为过去式。现在，研究者知道，父母的特征如何遗传到子女身上。孟德尔遗传学说和其他遗传规律原本以 DNA 分子为基础。为了真正理解 DNA 分子的事情，研究者必须学习 DNA 分子的"语言"。

1953 年以来，基因研究者和化学家一直致力于解读 DNA 语言。现在，人们发现，DNA 分子是充满信息的大型图书馆。每个细胞中的 DNA 分子都包含相当于 5000 本书的信息，每本书都和本书一样厚。

在 DNA 分子图书馆中，我们还找到了最最重要的信息：生物如何形成的秘密。当卵细胞和精细胞相遇，两个细胞的 DNA 分子融合到一起，形成一座新的带有父母双方信息的图书馆。融合到一起的 DNA 分子中的基因规定人、植物、细菌或者任意其他生物应该如何形成。如果发育成人，基因便决定这个人的外貌。

可以将基因比做是 DNA 图书馆中书中的各个章节，每个章节长度各不相同。一些章节只有寥寥几页，有些则有上百页。我们不知道为什么是这样。也许一个人的 DNA 分子中有十万多个不同的基因，十万多个"章节"规定了从肾脏到头发颜色各个部位的"配方"。

但是基因不仅仅决定我们的外貌。为了保证人体的正常功能，必须不断产生上千种不同的物质。这些物质的配方也存在于 DNA 分子的基因中。光是胃

基因的微小差异就可能导致物质的千差万别。

部消化一个苹果，吸收营养，就必须经过上百项正确的化学反应，并必须以正确的顺序进行。细胞产生化学物质的时候，也从DNA分子中获取所需的信息。

由于体内的大多数细胞都会分裂，并且几乎全部细胞都产生化学物质，那么在所有的细胞中都存在一个巨大的DNA图书馆。

虽然研究人员已经明白了DNA语言的作用，我们还是无法阅读图书馆中的所有卷册。从我们的了解来看，DNA分子也不是真正的图书馆，比如说，没有图书管理员能帮助我们查阅，并且似乎没有正确的排列系统。很明显，各个卷册都是随意堆放在一起的。

从何处着手的问题就很棘手。在几年前，基因研究还集中在少数基因上，主要是和疾病有关的基因，因此能激起人们的兴趣。借助复杂的技术，研究者发现，DNA分子中"生病的"基因位于什么地方，发生了什么问题。

我们也许可以说，基因研究者想知道图书馆中哪里有有趣的章节，而他们不感兴趣的则会跳过。但是基因科学家也渐渐了解到，如果没有逐页研究过所有藏书中的每一页，我们就无法理解完全的DNA图书馆。科学家必须研究整个 DNA 分子来确定基因的位置。

本着这个目的，1990 年开始了一项强有力的研究项目，名叫"人类基因项目"。项目的内容是彻底了解整个 DNA 分子，并且为所有发现的基因提供概况。概况就像图书馆的目录，可以查阅一本书位于哪个书架。该项目是人类历史上规模最大的研究，来自各国的科学家都参与到项目中。很难想象，描述一个人的基因所需的花费，竟然和以前将人类送上月球的花费一样多！

一切都还仅是开始。在我们的星球上还存在几百万个其他物种，每个物种都有自己独特的 DNA 分子。基因科学家已经十分了解果蝇，1995 年，一种细菌首先成为 DNA 分子目录化的生物。但是除了微生物之外，地球上几百万种生物的遗传物质还未得到研究，数目多得如同宇宙中的各个星系。

我们再想一想卡尔·冯·林耐的生命树，它表明各种生物之间的相互亲缘关系。直到今天，生物学家还尝试了解不同动物和植物之间的亲缘关系，比较它们的特征。但是一般情况下，人们一般会把注意力集中到肉眼可以看到的部分——比如说皮毛的外形或者植物的花瓣形状。

基因研究帮助生物学家找到了新的工具。当科学家比较不同动物和植物的 DNA 分子时，就可以发现亲缘的程度。这个想法很简单。两个生物的亲缘关系越近，DNA 分子就越相似。不同物种的两个代表在基因中会呈现出极大的不同。黑猩猩和人的基因之间的差别比人类基因之间的差别更大。

这样我们就能继续列举：山猫的基因和人类的基因相比，区别很明显，但如果把人类基因和鳄鱼基因相比，差别更大。树木的基因和人类的基因有一定的相似性，但是差别也很大，比人和鳄鱼基因之间的差别更大。但我们决不能忘记：不管人类的 DNA 分子和细菌的 DNA 分子之间差别有多大，总还是存在一定的相似性。

这一点很重要。地球上所有生物的遗传物质都存在相似性，这也许意味着，我们都源自生活在很早以前的同一种生物。人类和细菌 DNA 分子中的相似部分也许就是来自最古老的祖先。如果这个推论正确，我们中的每个人，以及所有其他生物都携带有几十亿年来都未变化的部分 DNA。读者的双手上，就存在着最原始的 DNA 化石。

为地球找出一个新的生命树、比较生物之间的 DNA 分子的工作才刚刚开始。这个项目比人类基因项目更宏大，没有人知道需要多久才能完成。但是要找到激动人心的答案，就必须执行这个项目。人人都想知道：地球上的生命如何起源？

其中的一部分工作已经完成。科学家认识到，遗传物质由一种分子构成，并且分子由碳、氢、硫、磷和氧组成时，他们就能设想到，生命也许是从一个分子开始的。研究者假定，构成 DNA 分子的原子是自行组合到一起的。那么生命的基础就由死亡的原子组成。

很难想象几十亿原子突然集中到一起构成复杂的 DNA 分子。科学家也不相信。许多人认为，第一个 DNA 分子也许由较小的分子构成，然后渐渐聚集到一起构成大的 DNA 分子。

1952 年，美国进行了一项非常著名的实验。化学家斯坦利·米勒试图重新建构 40 亿年前地球上的生物关系。他从天文学家那里了解到，地球当时覆盖着厚厚的气体云层如氨、甲烷等（它们由碳、氮、氢和氧组成），也许一直在闪电，而太阳的紫外线在上方遇到云层。

米勒在一个量杯中建立了自己的"原始环境"，让相关气体持续放电一周（模拟闪电和太阳的辐射）。一周以后，容器中已经充满棕色物质。进一步仔细观察，就会发现，棕色物质中充满了复杂的分子。其中很多分子都和 DNA 分子中的"基础"属性一样。后来，人们又进行了很多类似的实验，所有实验都接近一个结果：构成 DNA 分子的基石在类似原始地球的大气中自动产生。

不过，从基石到完成了的 DNA 分子还有一段距离。如果这个分子是一个图书馆，那么基石就是书中的句子。句子如何构成完整的安装说明，不是那么容易理解的。

大多数科学家相信，情况可能是这样的：40亿年前，地球并不仅仅拥有密集的大气。地球被一片温暖的浅海覆盖。分子的基石产生于这个环境，浸于海水中。海水成为分子集合并且相互冲撞的地方。分子相互冲撞，彼此形成长链，构成更大的分子。这些长分子还能继续组合成更长的分子。最后，原始海域就出现了大量不同的分子，不断继续相互组合。

此时，偶然出现一个能自我复制的分子，能捕捉到海洋中的小分子，并将其变成一个复制品，随后，就产生许多这种复制品分子。因为复制品分子的复制品，还能继续复制自身。这样一来，浅海中越来越多的分子就构成了长长的复制品分子。

自然界开始以自己的方式进行干预。在一些复制品分子中出现小变化，突然出现了不同的类型。一些类型比其他类型的复制功能更强，也比其他类型更常出现。达尔文曾提到过的选择最佳变体的过程，也发生在原始海域中。复制能力最强的分子在"战斗"中获得了胜利。

也许当时出现一种分子能分裂其他分子，并且自己和分裂部分组合。这可能是最早的"猛兽"，即"吞噬"其他物种的生物。现在，我们还不知道具体是怎么发生的，也永远无法知晓，因为分子没有留下任何化石可供后人研究。

科学家十分自信，认为分子在某个时间相互聚合，也许是出于抵抗"猛兽分子"的目的。

在生存竞争中，合作有优势。各种分子获得了不同的任务：一些分子变成保护层，抵御其他分子，另一些必须制造能量，还有一些负责复制分子。也许最早的细胞就是通过这种方式产生的。

经历了漫长的岁月，海洋中的单细胞生物消失了。然后，细胞组合起来，成为多细胞的植物和动物。甲壳类、水母和鱼类产生，4亿年前，陆地上终于出现了第一种两栖动物和昆虫。两栖动物又发展成为爬行动物和哺乳动物。

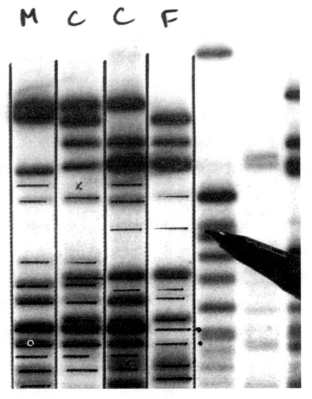

基因排列顺序图表。基因技术对于遗传、医学、
生物等科学领域均有重要的价值。

人类就源自哺乳动物。

　　发展的过程和达尔文介绍的一样：基因中的偶然变化导致了动物和植物之间的微小差别。有时候，这些变化增加了动物和植物的生存概率和繁殖的机会，导致新物种的产生。

　　DNA研究进入了基因变化领域。1960年以后，美国的基因研究者发现，如果增加某种物质，就能让一个DNA双螺旋结构分裂。当他们添加一种基因时，该基因常和分裂了的DNA分子融合，这样就形成了一个新的DNA分子，带有人工操纵的基因。此项技术称为基因工程。内容可以描述如下：在DNA

克隆羊多莉

图书馆的一本书中，补充或者更换了一个章节。

如果新的DNA分子被注射到老鼠的卵细胞中（科学实验中经常用到老鼠），新的基因会影响老鼠。基因赋予老鼠新的、其他老鼠之前从未有过的特征。不可思议的是，我们可以把一种基因植入另一种基因。比如说，人类的DNA分子中的基因能移植到老鼠的DNA分子中。那么老鼠就具备了一般只有人才具备的特征。

过程发挥作用的原因在于，所有生物的DNA语言相同。老鼠细胞也可以像询问老鼠基因一样，从人类基因中索取信息。基因工程的具体技术已经问世多年，用途越来越大。

比如说，基因研究者将不同细菌的两个基因组合起来时，可以产生一种抵抗昆虫侵扰的粮食种类。他们还制造一种细菌，能够"吞噬"污染环境的油，并且将造纸过程中的废弃物转化为糖。如果人类基因被移植到绵羊、奶牛或者山羊的受精卵中，基因科学家培育出的动物奶水和人奶一样有治病的效果。

这类动物被称为"转基因"动物。

人们不断改变实验动物的基因，如老鼠和兔子的基因，让它们更适合研究用途。美国研究人员"制造"了一只老鼠，它很容易患上癌症。这只老鼠常被用于癌症研究。

基因工程的优点很明显。在人口众多、食物稀缺的世界上，基因工程能够帮助我们大幅度提高粮食产量。基因技术能帮助人们战胜危险疾病。也许我们还能制造出新的疫苗，同可怕的癌症和许多为人熟知的遗传性疾病做斗争。

但是基因技术也带来一些问题，并且越来越明显。基因技术一旦被滥用，就可能制造出危险的战争用细菌。基因技术十分昂贵，可能导致只有富裕国家的人们才能享受到它带来的好处。可以想象，我们能够制造出比如今拥有的动物和植物更优秀的物种，这些新物种能在生存竞争中获胜，导致旧物种灭绝。

但是很多人担心，如果基因科学家对人类基因动手，会发生什么事情。可以移植让我们更强壮、对疾病更有抵抗力的基因，延长寿命，也许，我们的智力也可以通过这种方式得到改善。然后，研究者就可能制造出"超级"儿童。如果自然界要产生这样一个人，大约需要几千年时间。而基因研究者在100年之内就可以解决这个问题。

基因研究和以前的原子弹研究一样，让我们陷入进退维谷的境地。因此，关于基因研究的意义和目的产生了热烈讨论。参与讨论的除了科学家、哲学家以外，还有政治家，所有人都关注一个问题：改变动物、植物和人类到底正确吗？我们应该还给自然一片宁静吗？如果人类要生活在转基因的世界中，未来对于我们这些"过时的"人来说会是什么样子？谁能最终决定，我们改变到什么程度为止。

许多人认为，未来的基因研究应该受到法律的约束。但是为研究限定范围很困难，只需要想想原子弹，人们最开始发现反射性的时候，利用放射的能量只是一个时间的问题。问题是，没有人能够预见，铀的研究会带来原子弹的出现。

基因工程也是同样道理。现在我们已经知道如何将 DNA 分子目录化，并植入外部的基因，那么很难停止继续研究。基因工程技术已为人所知，我们无法阻挡技术的应用。也许只有一小部分人能为研究限定范围，他们就是科学家自己。因此，科学家不仅仅考虑自己的专业，而且也要考虑发明和发现带来的后果，这一点至关重要。

但是，也有一些科学家不顾一切地要继续进行自己的研究，并且不惜任何代价将自己的知识转化为实际，就如 1998 年美国基因研究者理查德·斯德宣布的那样，不管有什么禁令，他都要克隆一个人，也就是制造出一个完全一样的人。探索真理的过程是一些研究者染上的瘾，法律也无法阻止他们。

第三十一章

我们现有的知识来自何方

7 岁时我就知道，自己将来想成为一名科学家。我在电视上看见过宇航员在月球表面散步，一想到月球上真的有人类存在，我对宇宙空间和航空飞行的兴趣立刻被唤醒。

我先是给自己买了关于天文学的书，然后又弄到几个望远镜。我用这些工具长年累月地观察天空和恒星、星系及行星，亲眼看到曾在书上读到的东西。在学校里，我全力学习数学和其他自然科学的学科，因为我知道，这些学科对于一个研究者来说是十分重要的基础。

在电视中看到宇航员的 11 年后，我开始了大学生活，很快就发现，大学和中学完全不同。尽管我也必须听物理、数学和天文学方面的教授讲课，就像在中学课堂上学习一样，但是大多数时间，都必须靠自己来学习。

我读了很多书，都是关于天文学家和物理学家在历史上做出的各种发现。我也做很复杂的数学题，进行实验，观察自然界的现象。我和伽利略一样，研究来回摆动的钟摆。我还测量物体的运动，以此来判断艾萨克·牛顿的定律是否正确。放射性物质也是我的研究对象，并试图了解关于 α 射线与 β 射线的所有知识。此外，我还拍摄星系的照片，并研究太阳和其他恒星的光谱。

一切都是我必须做的，目的是像研究者一样思考和工作。完成这些工作耗费了几乎 7 年时间。在我第一次迈进校园之后的第 7 年，终于完成了第一篇研究论文。接下来，我和其他大学生的经历一样。我并没有成为一名科学家，因为没有足够的岗位能让每个上过大学的人都成为研究人员。我不得不离开大学，转行到写作。因而，我才能像写这本书一样，书写关于研究者及其发现的内容。

刚开始了解人类对真理的探索过程时，很容易发现，自从伽利略在400年前进行了第一次实验以后，情况发生了多么大的变化。那时候，只有少数人能上大学，并且综合性大学规模很小。如今，世界上有更多的人拥有进入大学学习的机会，许多大学可以容纳上万名学生。世界上有几百万人在研究领域工作，还有更多的人正在大学深造。

大部分富裕国家对研究和教育的投入较高，因为科学的发展对于工业、健康事业和社会的重要性越来越明显。贫穷的国家也在努力提高自己大学的水平，因为它们看到，为研究投入大量资金的国家一般都能享受到研究成果带来的好处，并且能够增加国家财富。

在现代化的综合性大学里，每一门科学都是独立的学科。本书中提到的科学——天文、生物、物理、化学、数学和医学——在我曾就读的大学都有专门的院系。所有其他大学也有类似的院系划分。在某一门科学范围内进行研究的人一般都在同一个地方，比如说都在校园里专门的教学楼中。大学里将这种部门称作一个研究所。因为我以前学的是天文学，所以大多数时间都是在天文研究所里度过的。

不过，每个研究所还研究其他科学，比如天文研究所会和物理、化学打交道。不会出现一位研究者知道所有关于自己学科的知识的情况。在过去的几百年中，我们汇集了大量关于自然界的知识，研究者只能将其中一小部分记在脑海中。他们只能成为某一个小领域的专家，可是，即便是在这些小领域中，还不断产生新的更小的学科。譬如说，天文学家中有宇宙论者，他们是宇宙形成和发展的专业人士，分为行星学家（行星方面的专业人士），天体物理学家（恒星方面的专业人士）以及太阳物理学家（太阳专家）等。在所有其他学科中，也有同样的细分。

现在的研究所通常有很多昂贵的设备。伽利略·伽利雷只从家里拿出了一个小小的望远镜，就发现了木星，而今天的天文学家需要直径为 10 米可以配备空调固定在房屋高处的单反望远镜。现代天文学家使用的设备是伽利略想都不敢想的。能够发送到太空的空间探测器，能在地球大气上空环绕的太空望远镜，都是明证。

几乎所有的科学家都在某种程度上利用电脑。因为大多数学科都必须借助数学计算，电脑是和数字打交道的理想对象。电脑可以高速计算，和人类不同的是，它们永远不会疲劳。即使小型电脑也能进行数百年前对科学家来说不可思议的计算。没有电脑的帮助，很多研究工作都不可能完成。

20 世纪 70 年代初期，研究者将各自的电脑连接起来，逐渐形成一个系统，后来被称为"因特网"。通过因特网，全世界的研究者都能相互交换文本、图像和科学信息。在几分钟的时间内，信息就能广泛传播。

最重要的一点是，因特网能让很多科学家共同合作。以前的研究者都只能单独行动，如伽利略或者牛顿，独自发现重大科学现象。现在很少出现个人英雄了。研究者面临的许多难题十分复杂，一个人终其一生也无法给出答案。

有时候，几百名科学家共同研究一个问题，而一个工作组的成员完全可能生活在不同的国家。类似因特网、喷气式飞机、电话和传真之类的发明，都让距离不再是交流的障碍。从伽利略的时代到现在，世界发生了巨大的变化。但是最重要的东西并未改变：科学家仍旧保持着好奇心，努力理解宇宙中发生的各种事情。即便拥有再多高效能的工具和机器，大脑仍旧是研究人员最重要的工具。

因此，也有一些人开始研究科学家在探索真理的过程中是如何应用大脑的。我曾说过，自然科学和哲学在 18 世纪分家。虽然自然科学家和哲学家不再以相同的方式工作，但他们仍旧对对方的专业充满兴趣。哲学中有一个门类叫作科学哲学，是关于各门科学如何发挥作用的学说。科学哲学家研究科学家如何思考，如何建立理论。他想知道，理论如何形成，并且如何解释我们在自然界中看到的一切。

在本书的开始我就说过，不能完全相信自己的感觉。科学哲学家认为这是研究者的一个大问题。研究人员的工作有一大部分就是研究自然界或者观察实验，自然而然地要相信自己所看到的、听到的和感觉到的。

不过，科学家早就知道，我们的感官并不是机器。虽然眼睛对光线的接收和摄像机对光线的接收大致相同，耳朵的功能也相当于麦克风，但是相似处仅止于此。我们的眼睛接收光线、耳朵捕捉声音的时候，它们将这些信号以微弱的生物电信号发送给大脑。当信号到达大脑的某个部分时，就会得到处理，并在大脑中转化为图像和声音。大脑通过这种方式告诉我们看到的图像和听到的声音。

问题是，我们也用大脑思考、感觉和幻想。大脑可以产生生动活泼的想象画面。大家都知道，梦境十分逼真。问题是：大脑怎么区分来自外界的图像和幻想的图像呢？我们如何能够肯定，在大脑产生来自外界的图像时，幻想的图像不会"混入其中"呢？科学哲学家对这个问题给出了回答：我们无法肯定。

有时候，我们用"客观"一词来描述科学。客观就意味着，人们保持头脑冷静，不受情绪的影响。但是这当然是不可能的。我们是人，总会有些什么感受。所有研究者都知道的好奇心，也是一种感受！研究从感受开始，所有科学家都对自己研究的理论产生感情。许多研究者会说，当他们感觉发现思路正确时，多么激动，仿佛胃部也会刺痛，而被自己的感觉欺骗时，又变得多么失望。

关于人类大脑的知识累积到今天，已经告诉我们，人类永远无法保持完全客观。研究者进行实验或者观察自然界的时候，常希望看到特定的东西。如果花费了很多年来建立一个理论，也自然希望找到证据证明自己的理论是正确的。有时候，他们的愿望如此迫切，以至于"看到"原本并不存在的东西。

在天文学中就出现过一个非常有名的例子。1900年左右，美国天文学家帕西瓦尔·罗威尔用望远镜研究火星。罗威尔家庭富裕，拥有自己的天文观象台，并请人制造了当时最大的望远镜。

罗威尔相信，火星上有生命存在。持这种想法的不止他一个人，几百年来，人们一直认为其他星球上也有生命。罗威尔还读过意大利天文学家乔范尼·夏帕雷利的文章，后者宣称自己在火星表面发现了细长的线条。夏帕雷利称这些线条为沟渠，认为它们是自然形成的。

罗威尔用自己的望远镜观察火星时，他也看到了线条，甚至比夏帕雷利看到的还多。整个行星上都交错分布着线条，看起来像某种图案。和夏帕雷利不同的是，罗威尔猜测，这些沟渠是人造沟渠，和地球上人们建造的那些一样。这种线条图案不可能是自然形成的，一定是由具有智能的生物开凿而成的。

罗威尔绘出了沟渠的图案，并写了很多书来介绍自己的沟渠理论和有智

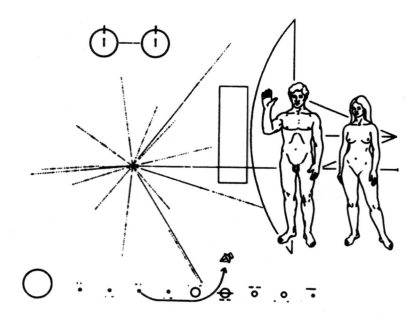

这幅图（原图大约 15×23 厘米，金子制成）由空间探测器先锋 10 号携带，目的是告诉地球外文明关于地球上人类的信息。下方是太阳系，探测器先锋 10 号的飞行轨道表明，右侧的男人和女人与先锋号大小的比例，左侧是 14 个最著名的脉冲星（从地球开始）的位置，上方是氢分子单位表示的频率。

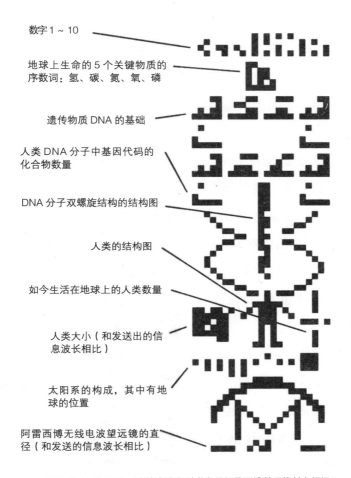

数字 1 ~ 10

地球上生命的 5 个关键物质的
序数词：氢、碳、氮、氧、磷

遗传物质 DNA 的基础

人类 DNA 分子中基因代码的
化合物数量

DNA 分子双螺旋结构的结构图

人类的结构图

如今生活在地球上的人类数量

人类大小（和发送出的信
息波长相比）

太阳系的构成，其中有地
球的位置

阿雷西博无线电波望远镜的直
径（和发送的信息波长相比）

1974 年 11 月 16 日，在波多黎各科学家用阿雷西博单天线射电望远
镜首次向太空发送了关于地球的讯息。讯息离开望远镜，朝着球形的
星系 M13 的方向前进，它距离地球大约 3.4 万光年。持续 169 秒的讯
息包含了关于地球上生命的一些基础信息。在尝试和其他文明接触过
程中出现了困难：相对来说 M13 是银河系的近邻，但是在获得最早的
回复之前我们还必须等待 7 万年。这可不是进行对话的好条件。阿雷
西博讯息以二进制代码表示信息，并以连续的开关电波脉冲来发送。

慧的火星居民，这些书的读者众多。他在书中描述了火星生物可能的外貌，
以及为什么他们在自己的星球上建造沟渠。

其他天文学家认为罗威尔的发现很有意思，也把自己的望远镜对准了火
星。但是他们却找不到沟渠。一些天文学家看到了少数线条，其他人却什么
都没看到。

罗威尔沟渠理论的信奉者与反对者之间进行了长达数年的争论。但随着望远镜功能的增强，能看到沟渠的天文学家就越少。1971 年，美国空间探测器水手 9 号到达了火星，拍摄了数千幅照片，至此，双方的讨论才终于结束。空间探测器拍摄的照片表明，火星表面没有任何人造的沟渠。

1976 年，空间探测器海盗 1 号和海盗 2 号降落到火星表面。它们也拍摄照片，并研究火星表面是否有生命痕迹，可是什么都没有发现，因此，科学家只好得出结论，火星上可能曾经存在过生命。

不过，帕西瓦尔·罗威尔是怎么描绘出根本不存在的沟渠的图画的？他自然有可能撒了谎，捏造出沟渠的存在来吸引众人的关注。科学发展中也有可能出现这种现象的。一些研究者会改写自己的观察结果，来配合自己的理论。连格雷戈·孟德尔据说也是对自己的数字"稍作修饰"的人，目的就是让数字和理论相吻合。

不过最有可能的是，帕西瓦尔·罗威尔的确看到了什么东西，并把它当作了沟渠。火星表面被小点和大块斑点（原本是巨大的火山口和戈壁区域）覆盖。实验表明，有时候能够在高级望远镜中看到这类大块斑点和小点，会把它们看成是连接起来的细线。大脑也提供了"辅助"作用，看到了原本不存在的线条。我们将这种现象叫作"错觉"。

用力思考可能存在的东西，"想象"也能给人们带来启发。帕西瓦尔·罗威尔十分肯定，火星上有生物，很希望成为一位发现家。当他通过望远镜研究火星时，想象可能告诉他最希望看到的东西：火星表面上生命的痕迹。

人们也许会想，帕西瓦尔·罗威尔可能是个想象力十分丰富的人。

但是要审讯案发目击证人的警官，却有不同体验。即使两个证人看到了同一过程，也可能表述各不相同。他们以不同的方式来经历相同的事情。所有的证人都深信自己对事件的表述才是唯一真实的。

很清楚，这个问题对科学来说意味着什么。如果所有研究者都对自然界有不同的感受，他们如何比较自己的理论和自然现象？如果每个人对真相的看法都不同，还有探索真理的可能性吗？到底存不存在我们都在寻求的真理呢？

科学哲学家之间没有一致意见。一些人认为无法找到关于自然界的真理，所有关于自然的想法都同样有趣。对他们而言，童话和相对论一样"真实"。另一些哲学家持不同的看法，他们认为，一些理论比另一些理论更符合自然界的事实，因此也更真实。但他们也会怀疑，人们是否能够追踪到终极的真理。

大多数科学家都是另一种看法。他们相信，真的存在关于自然界的真相，理论就是这个真理的一小部分。在某种程度上，研究者必须相信这一点。如果说所有关于自然界的设想都等同"真实"的话，那么新理论都没有意义了。利用理论真正地说明关于自然界的一些情况，是研究者工作的重要动力。

科学家还相信已经找到各种版本的不同解决办法。其中一部分和帕西瓦尔·罗威尔有关。如果罗威尔完全由自己的想象主宰，许多其他天文学家就不会陷入其中。罗威尔看到沟渠的地方，他们只看到了大块斑点和小点。这些天文学家公开宣布，他们看不到沟渠，让沟渠理论陷入困境。许多天文学家就是不接受沟渠理论，当空间探测器拍摄的照片发表以后，理论最终被判死刑。其他研究者也接受自己的理论。仅仅是自己认为自己的理论正确是不够的，必须有尽可能多的科学家也持同样观点。

为了判断一种理论是否正确，必须让它首先为人所知。因此，在几百年中发展出了一种体系来向研究者们宣告新的理论。在艾萨克·牛顿的时代，研究者就开始在专业杂志上发表自己的发现和发明，这些杂志会被寄送到整个欧洲和美国的各个大学。

如今，这些科学杂志是探索真理的最重要工具。对于全部的科学分支，存在上千份学术杂志，包括天文学、地理学、化学和生物学等学科。要想建立自己的理论，研究者就必须依赖学术杂志来发表自己的理论。

格雷戈·孟德尔的故事就表明学术杂志有多么重要。正因为他没有在很多生物学家阅读的学术杂志上发表自己的研究结果，一直等待了 30 年人们才了解他的工作。整个科学——遗传学——都因此而延迟了发展。

当文章被印刷出来，其他科学家可以研究理论是否正确。如果还进行了实验，其他人也可以重复实验，并观察是否能得到相同结果。如果一种理论预言了实验中将会发生的现象，那么实验就更重要了。

爱因斯坦的相对论就是这样。相对论做出了大量预言，包括物体接近光速的时候重量会增加。自从理论为世人所知，全世界的研究者们都开始做实验，来判断预言的正确性。到现在为止仍旧是这样。

当实验符合了理论的预言，我们就说，实验是理论的一个证明。如果科学家必须在两个理论中选择，他们总是会选择预言正确的那一种理论。听起来很奇怪，研究者花了很多时间来用实验验证理论，但是理论并不是他们自己的。科学家有自己的理由。他们也许认为，理论似乎正确，自己愿意支持该理论。或者他们是另一个理论的信奉者，而另一个理论和眼前的理论针对同一个问题，那么他们试图对新理论提出异议。

随着理论的发展，科学发生了剧烈的跳跃和转折。理论不符合实验或者观察结果时，没有人会接受它。一种理论完全可能要经受不断重复的上百次的验证。有一次实验结果不符，就足以将该理论淘汰出局。

新理论不断出现，向旧理论提出挑战。大多数新理论都在竞争中败落，被人遗忘，但偶尔也会出现新理论，能解决旧理论无法解决的问题，或者它包含旧理论没有做出的预言。如果新理论经过很多观察和实验的验证，一定会对旧理论产生压力。有时候，在理论被人接受以前，需要等待漫长的时间。哥白尼建立自己的理论，提出太阳位于太阳系中间后，经过了几百年，才让所有天文学家信服。

理论之间总是不断竞争，旧理论为新理论让路，这都属于科学的典型特征。但很多人对此感到疑惑。人们会产生一种印象，科学家总是不断改变自己的看法。今天有科学家这么说，明天又有科学家那么说。

被讨论的理论和生命与健康有关时，研究者之间的不同观点就构成很大的问题。在证明原子能有害以前，科学家之间进行了激烈的讨论。在我们知道艾滋病的几种传播方式之前，研究者之间同样也存在不同意见。研究者还争论了很久，疯牛病是否会传染给食用病肉的人。

意见分歧在探索真理过程中是自然现象，并且必须是这样。科学家必须相互讨论，只有充分交换意见才能评价各种理论，并找到和真相最相近的理论。

在某种程度上，研究者也可以从中获益。只要科学在不断修改，新理论相互竞争，总会有新的科学家做出新的贡献。所有具备研究天赋和兴趣的人都可以做出新发现，他们也许会改变我们对自然界的看法，或者挽救上百万人的生命。只要有志向，就能参与到科学的发展中。自觉读到本书这一句的人，肯定充满着相当的好奇心。这是研究的卓越出发点。

即使科学家认为新的真理比那些旧的更合适，还是有少数人相信，我们已经找到了最佳真理。一些研究者认为，我们直接面临的问题是宇宙如何形成的。他们希望发现"原始自然规律"，能够解释宇宙万物的形成，以及自然界中万事万物之间的关联。大多数人却怀疑是否能够做到这一点，这些研究者和19世纪的研究者很像，认为已经知道了一切值得认识的事情。

我希望在本书中表明的一点是，科学家关于真相的设想总在不断改变。预知未来并不容易，不过有一点我很肯定：本书中的很多理论有一天都会变得陈旧过时，就像亚里士多德关于太阳系的看法在今人眼中的印象一样。

也许并不存在最终真理，也许我们永远不会说："现在我们已经知道真理了，不需要继续研究！"我们将会不断建立新理论，渐渐解释更多关于宇宙的问题，不过，每当我们能回答一个问题的时候，就会出现新的问题亟待解决。

我们身处的宇宙也许看起来有无数的谜，有一些我们永远无法解开。那么，探索真理的过程绝不会结束。

我也希望如此。

"未来的人类将会知道很多现在未知的东西。未来的几百年中仍旧有很多东西要发现，世界虽然小，即使没有其他财富，也有足够的地方值得研究。还有多少天体是人类肉眼未曾看到过的？"

上面的话出自古罗马哲学家赛尼卡（公元前4～公元65）的《关于自然的研究》。